BEITRÄGE

ZUR

ELEKTRICITÄTSLEHRE

VON

K. W. KNOCHENHAUER.

MIT EINER FIGURENTAFEL.

BERLIN, 1854.
VERLAG VON GEORG REIMER.

Vorwort.

Meine neuesten Untersuchungen über den inducirten Strom der Nebenbatterie schienen mir einen passenden Ausgangspunkt zu bilden, um mich mit Herrn Prof. Riess über die Differenzen in unsern frühern Versuchen zu verständigen; allein eine Besprechung führte doch zu keinem andern Resultate, als dass derselbe mich aufforderte, meine bisherigen Beobachtungen übersichtlicher zusammenzustellen und die Streitpunkte ausführlicher zu erörtern. Wenn ich dieser Aufforderung in der folgenden kleinen Schrift bereitwillig nachkomme und ohne allen Rückhalt die einzelnen Fragen beleuchte, so wolle man also von meiner Seite darin nicht ein Verlangen nach neuem unergiebigem Streite, sondern den aufrichtigen Wunsch nach einer Verständigung, die ich für möglich halte, erkennen. Neue Beobachtungen habe ich nicht mitgetheilt bis auf einige wenige Reihen, welche ich entweder schon vorher als eine Wiederholung früherer angestellt hatte, oder die mir jetzt als Anhaltspunkte für die Discussion erforderlich schienen. Nur in einer Beziehung ward mir die Besprechung der bisherigen Untersuchungen peinlich, nämlich dadurch, dass sie mich zwang auch hier und da Ansichten über das Wesen der Elektricität mitzutheilen, das uns immer noch so unbekannt geblieben ist. Ich gestehe gern, dass ich meine Ansichten über die Elcktricität für nichts als für Hypothesen halte, die ich zwar selbst gebrauche, um neue Versuche zu unternehmen, die aber für andere nur von problematischem Werthe sein können. Bei meinen Arbeiten hatte ich bisher den Zweck, Beobachtungen anzustellen und die angestellten soweit als möglich zu ordnen; dann neue Thatsachen zu suchen und sie an die frühern anzureihen; als Endziel erst schwebte mir vor auf Versuche zu kommen, die es möglich machen könnten, das Wesen der Elektricität und damit das Wesen der polaren Naturkräfte überhaupt zu begreifen. Und dieses Endziel, so glaube ich fest, werden wir wenn irgendwie sicher am leichtesten durch Erforschung der Reibungselektricität erreichen, da sie mannigfaltigere Thatsachen darbietet als der Magnetismus und der mehr in sich abgeschlossene galvanische Strom; allein es bedarf noch einer steten Ausdauer und eines gemeinsameren Forschens, als es diesem Gebiete bis jetzt zu Theil geworden ist. Sollte diese kleine Schrift etwas dazu beitragen, diesen Untersuchungen mehr Theilnahme zuzuwenden, so würde sie Alles leisten, was ich um der Wissenschaft willen wünsche.

Meiningen, Ende September 1853.

K.

I. Ladung und Schlagweite der Batterie.

§. 1. Die Flaschen, welche man zu elektrischen Versuchen gebraucht und zu Batterieen verbindet, sind inwendig und auswendig mit Stanniol in der Weise bekleidet, dass beide Belegungen durch einen hinreichend breiten Glasrand von einander getrennt sind. Zu vielen Versuchen ist es gleichgültig, welche Grösse und Form diese Flaschen haben, doch möchten in den meisten Fällen grössere vorzuziehen sein. Da, wo die Versuche eine recht sichere Verbindung des Schliessungsbogens mit der innern und äussern Belegung erfordern und wo es räthlich ist, keine weitern Verbindungsstücke einzufügen, nimmt man am besten Flaschen mit senkrechten Wänden und befestigt auf dem innern Boden zugleich mit dem Stanniol messingne Klemmen, damit man darin das Ende des Schliessungsbogens oder die Verbindungsdrähte der einzelnen Flaschen unter einander einschrauben könne; an der äussern Belegung bringt man zu demselben Behufe einen mit dem Stanniol gut zusammenhängenden Ring an, an welchem die Klemmen befindlich sind. Auch ist es gut sich Flaschen von beträchtlicher Wandstärke zu verschaffen, da diese bei den Untersuchungen mit der Nebenbatterie vortreffliche Dienste leisten und auf Thatsachen leiten, die man auf andere Weise nicht erhalten kann. Die Flaschen, die ich zu meinen Beobachtungen gebraucht habe, sind 4 ältere (F_1 F_2 F_3 F_4) jede von ungefähr 200 □Zoll (par. M.) äusserer Belegung und von etwa $1\frac{1}{2}$ Linien Wandstärke und 6 neuere von etwa 3 Linien Glasstärke und ebenfalls von nahe 200 □Zoll Belegung, die zu drei Paaren (A) (B) (C) verbunden werden.

§. 2. Leitet man vom Conductor der Maschine positive Elektricität in das Innere einer nicht isolirten Flasche oder Batterie, so bindet diese, wie bekannt, aussen negative und die frei gewordene positive geht in den Erdboden über; die negative aussen bindet wieder umgekehrt die positive im Innern und lässt nur einen kleinen Theil derselben im freien Zustande zurück. Es sei Q die Quantität der eingeführten positiven Elektricität, so ist mQ die Quantität der gebundenen negativen, wo $m < 1$ ist, und da die beiden Belegungen sowohl an Grösse als an Form einander nahe gleich sind, so wird die negative mQ fast ganz genau eine Quantität $m^2 Q$ der positiven im Innern binden und nur den Theil $(1 - m^2)\, Q = \varphi\, Q$ frei lassen. Sollte indess in den beiden Fällen des Bindens die Verhältnisszahl m nicht constant sein, so würde im Innern $(1 - mm^1)\, Q$ frei bleiben, was ich ebenfalls, ohne mich für die eine oder die andere Annahme zu entscheiden, mit $\varphi\, Q$ bezeichnen will. Von jeder neu eingeführten Quantität Q' positiver Elektricität nehmen wir an, dass sie im gleichen Masse wie die vorhergehende negative Elektricität bindet und wieder gebunden wird, so dass also die freie Elektricität im Innern proportional zu der eingeführten Quantität oder zur Ladung wächst. Die gebundene Elektricität ist als solche der Ableitung nicht fähig, sie zeigt kein Bestreben auf andere Leiter überzugehen; die freie Elektricität dagegen hat dieses Bestreben; ich lege deshalb der freien Elektricität eine Spannung bei, ähnlich wie man von der Spannung der Luft redet, die nach allen Seiten zu dringen das Bestreben hat; ich nenne sie freie Spannung, um sie von der, wenn man will, gebundenen Spannung zu unterscheiden, in die die gebundenen Elektricitäten der beiden Belegungen gegen einander versetzt sind; sie würden zu einander dringen, wenn das Glas sie an ihrer Vereinigung nicht hinderte. Mit der Ladung wächst die freie Spannung im Innern und erhebt sich auf einen höhern Grad, oder, wie man gewöhnlich sagt, die freie Elektricität erlangt eine grössere Dichtigkeit. Diese verschiedenen Grade der freien Spannung bezeichne ich mit dem Namen: Intensität der freien Spannung und bei der Batterie auch mit dem Namen: Intensität der Ladung, welche also, wenn sie in Zahlen ausgedrückt wird, den Grad der freien Spannung angiebt, welchen die Batterie erreicht hat und der, wie bemerkt wurde, zur Quantität der eingeführten Elektricität proportional wächst. Bei Flaschen von gleicher Form aber ungleicher Glasstärke hat $m (m^1)$ und damit φ einen ungleichen Werth; bei dicken Flaschen wird aussen weniger Elektricität im Verhältniss gebunden und es bleibt im Innern mehr frei, $m (m^1)$ ist kleiner und φ grösser. Dieser Satz bedarf keiner weitern Erläuterung; ebenso steht es fest, dass die Intensität der Ladung bei einer Batterie von veränderlicher Zahl gleicher Flaschen umgekehrt proportional zur Zahl der Flaschen wächst, wenn man jedesmal gleich viel Elektricität einführt; und daraus folgt wieder, dass Batterieen von ungleicher Flaschenzahl eine der Zahl der gleichen Flaschen proportionale Quantität von Elektricität in sich aufnehmen, um bis zu gleicher Intensität der freien Spannung zu gelangen. Flaschen von gleicher Grösse aber ungleicher Glasstärke erlangen dieselbe Intensität der Ladung durch ungleiche Elektricität; sie nehmen mehr in sich auf, wenn das Glas dünn, weniger, wenn es stark ist. Um dieses Verhältniss zu bezeichnen, lege ich jeder Batterie eine bestimmte Kraft bei, die ich proportional zu derjenigen Quantität von Elektricität setze, die sie um bis zu einer constanten Intensität zu gelangen in sich aufnimmt. Die Kraft der Flaschen oder Batterieen ist also bei einer constanten d. h. mit stets gleich viel Elektricität bewirkten Ladung auch umgekehrt proportional zur Intensität der freien Spannung, die im Innern hervortritt. — Dass die Kraft der Flaschen von der Glasstärke abhängt, haben wir bereits angeführt, wie sie dagegen bei gleich grossen belegten Flächen von der Form derselben und von dem sie trennenden Nichtleiter abhängt, darüber fehlt uns bis jetzt noch jede Beobachtung, und doch scheinen hier bedeutende Unterschiede statt zu finden. Auf die Bedeutung des trennenden Nichtleiters beim Process des Bindens und somit für die Kraft der Flaschen machte Faraday zuerst aufmerksam; ich glaubte früher, die von ihm angeführte Thatsache anders deuten zu müssen, allein seitdem ich durch meine fortgesetzten Versuche mit seiner Idee von Kraftlinien vertrauter geworden bin und bei der Nebenbatterie ein Tönen des Glases durch die plötzliche Ladung vernommen habe, ist mir der Einfluss des Nichtleiters auf das wechselseitige Binden fast zur Gewissheit geworden.

§. 3. Wie viel Elektricität in eine Batterie vom Conductor gelangt ist, bestimmt man am sichersten mittelst einer Laneschen Flasche. Man isolirt hierzu die Batterie und leitet die positive Elektricität, welche auf der äussern Belegung frei wird, auf einem Draht in das Innere einer kleinen nicht isolirten Flasche, die dadurch geladen wird und sich über feststehende Kugeln, die ihre beiden Belegungen bis auf die trennende Luftschicht verbinden, wiederum entladet. Jede Ladung dieser Flasche führt ein gleiches Quantum positiver Elektricität ab, giebt also ein gleiches Quantum gebundener negativer und ein hierzu proportionales immer gleiches Quantum positiver Elektricität an, das in das Innere der Batterie gelangt ist. Nur die erste Entladung der Massflasche führt etwas mehr Elektricität ab, weil das Residuum in ihr hinzukommt, und demnach sollten Bestimmungen mit grössern Massflaschen, wenn die Zahl der Entladungen gering ist und eine besondere Schärfe der Angaben verlangt wird, wegen dieses Residuums corrigirt werden. — Soll die relative Kraft verschiedener Flaschen oder Batterieen bestimmt werden, so ladet man sie nach einander bis zu derselben Intensität und setzt die Kraft zur Zahl der Laneschen Ueberschläge proportional. Man verbindet hierzu die isolirte Batterie mit einem Schliessungsbogen, der durch dieselbe Luftschicht zwischen Kugeln in constanter Entfernung unterbrochen ist; die Entladung erfolgt dann bei derselben Intensität der Ladung. Es kommt aber hier noch der Umstand in Betrachtung, dass durch die Lanesche Flasche auf der äussern Belegung positive Elektricität frei bleibt und dass demgemäss die innere Belegung einen Ueberschuss freier Spannung erlangt im Vergleich zu dem Fall, wo sie ohne isolirt zu sein geladen worden wäre. Würde die freie positive Elektricität aussen und der Ueberschuss im Innern gleiche Intensität besitzen, so würden sie, da sie sich den gleichen Kugeln in gleicher Weise mittheilen und mit gleicher Stärke gegen einander wirken, die Entladung der Batterie nicht ändern; wären sie aber an Intensität ungleich, so würden sie die Entladung verfrühen oder verspäten. Der vorliegende Fall ist ganz gleich mit dem, wenn man eine isolirte Batterie ladet, sei es dass sie bisher noch ungeladen war oder schon, als sie noch nicht isolirt war, Elektricität in sich aufgenommen hatte.. Die bei isolirter Batterie neu eingeführte positive Elektricität q bindet aussen mq negative und lässt mq positive frei; da diese beiden, wenn sie auf derselben Belegung bleiben, mit gleicher Kraft auf die innere Belegung zurückwirken, so können sie nicht binden und q bleibt frei; dies gäbe einen kleinen Unterschied zwischen den Intensitäten innen und aussen, wie $q : mq$, der, wenn m nahe $= 1$ und q gering ist, die Entladung der Batterie kaum auf eine bemerkbare Weise alteriren wird. Nur bei Flaschen von dickerm Glase und bei einer Laneschen Flasche von grösserer Schlagweite dürfte die Batterie sich etwas zu früh entladen, also die beobachtete Zahl der Laneschen Ueberschläge um ein Weniges zu klein ausfallen. — Die Kraft meiner ältern Flaschen, bezogen auf die Kraft einer mittleren zu ihnen als Einheit, haben die Versuche folgendermassen festgestellt (s. Grunerts Archiv Th. XIX. p. 63):

$$F_1 = 0{,}976 \;,\; F_2 = 1{,}097 \;,\; F_3 = 0{,}877 \;,\; F_4 = 1{,}050.$$

Die Kraft der neuen Paare ist in derselben Einheit (Sitzungsber. d. Wiener Akadem. Bd. X. p. 270):

$$(A) = 0{,}970 \;,\; (B) = 0{,}941 \;,\; (C) = 0{,}892.$$

Der Einfluss der Glasstärke zeigt sich hier recht auffallend, da jedes der letzten Paare nahe eine doppelt so grosse belegte Fläche hat als eine Flasche der ältern Art.

§. 4. Wenn eine Flasche oder Batterie zu einer immer grössern Intensität geladen wird, so vermag sie eine immer dickere Luftschicht zwischen zwei isolirten, ihren Schliessungsbogen unterbrechenden Kugeln zu durchschlagen. Man nennt die Distanz der Kugeln, über welche der Funke erfolgt, die Schlagweite der geladenen Batterie. Um dieselbe genau zu messen, bedient man sich des Funkenmessers. Dieses Instrument enthält als wesentliche Theile zwei Messingkugeln, die auf den einander abgewandten Seiten nach kurzen dicken Drähten mit starken Hülsen verbunden sind und durch diese auf Glassäulen ruhen, von denen die eine auf der Fussplatte fest steht, die andere auf einem Schlitten beweglich ist. Den Schlitten zieht eine Mikrometerschraube, und die Distanz der Kugeln von einander misst man entweder mit dieser Schraube selbst oder an einem auf der Fussplatte angebrachten Massstabe, über den der Schlitten den Nonius fortschiebt. An den Hülsen sind ausserdem zur Befestigung des Schliessungsbogens entweder Klemmen oder Quecksilbernäpfe angebracht. Die Messingkugeln des von mir gebrauchten Funkenmessers halten 16 Linien im Durchmesser; die Glassäulen sind massiv, 1 Zoll stark und 6 Zoll hoch; die Fussplatte und der darauf laufende Schlitten sind von starkem Messing; die Mikrometerschraube aus fein polirtem Stahl ist wie bei Messinstrumenten angebracht und dient unmittelbar zur Bestimmung der Distanzen zwischen den einander zugewandten Flächen der Kugeln; die Eintheilung der Scheibe geht von $\frac{1}{50}$ zu $\frac{1}{50}$ Linien (s. Pogg. Ann. Bd. 67 p. 468). Ich halte die Messung mit der Schraube jedenfalls für leichter und, weil der Stand des Instruments oft ein bequemes Ablesen am Nonius nicht gestattet, selbst für sicherer, vorausgesetzt dass man sich von der Güte der Schraube überzeugt hat. — Zur Messung der Schlagweite einer Batterie isolirt man dieselbe, verbindet ihre beiden Belegungen mit einem Schliessungsbogen, der nur durch die von einander entfernten Kugeln des Funkenmessers unterbrochen wird, und bringt ausserdem eine Lanesche Flasche an, deren Entladungszahl die Intensität der Ladung angiebt. Herr Riess, der diese Versuche zuerst unternahm, fand die Schlagweite proportional zur Intensität. Da er jedoch eine grössere Massflasche und von $\frac{1}{2}$ Linie Schlagweite angewandt und bei $\frac{1}{2}$ Linie Schlagweite der Batterie erst zu wenige Masseinheiten zu ihrer Ladung verbraucht hatte, auch die Angaben selbst nicht vollständig genug mit einander harmonirten, so hielt ich es bei der von mir begonnenen Untersuchung der freien Spannung auf dem Schliessungsbogen für nothwendig, mich über den Zusammenhang der Schlagweite mit der Intensität der Ladung selbst durch Versuche zu unterrichten. Meine Beobachtungen (Pogg. Ann. Bd. 67 p. 469) gaben mir an, dass die Schlagweite von ½ Linie ab mit der Intensität proportional wächst, dass aber bis zur Schlagweite von ½ Linie eine im Verhältniss etwas grössere Intensität erforderlich ist. Setze ich, dass bei einer von ½ zu ½ Linie wachsenden Schlagweite die Intensität der Ladung von 10 zu 10 zunimmt, so erfordert die Batterie bereits eine Intensität = 13¼, um die Schlagweite der ersten halben Linie zu erreichen. Später (Pogg. Ann. Bd. 78 p. 55) wiederholte ich dieselben Versuche mit demselben Erfolge, auch bestimmte ich noch die Intensitäten für geringere Schlagweiten. Auf diese Versuche ingestützt entnehme ich bei allen meinen Untersuchungen die Intensität der Batterieladung aus ihrer Schlagweite und rechne

bei einer Schlagweite von ½ Linie die Intens. = 13¼
„ „ „ 1 „ „ „ = 23¼
„ „ „ 1½ „ „ „ = 33¼
„ „ „ 2 „ „ „ = 43¼ u. s. w.

§. 5. Da Herr Riess fortdauernd die Schlagweite einer Batterie der Intensität ihrer Ladung und dem entsprechend die freie Spannung der Elektricität der Funkenlänge proportional setzt, so habe ich jetzt auf meinen Funkenmesser noch Kugeln von 7 Linien Durchmesser aufschrauben lassen, um zu sehen, ob diese, die wohl kaum kleiner beim Funkenmesser genommen werden dürften, die Schlagweite proportional zur Intensität liefern. Die Batterie bestand aus den Flaschenpaaren (*A*) und (*C*), die Distanz zwischen den Kugeln der kleinen Laneschen Flasche wurde nach und nach vergrössert, blieb aber gering. Die Versuche gaben:

No. 1.

Schlagw.	L. F.
½ Lin.	11,0
1 „	19,2
1½ „	27,8
2 „	36,5

No. 2.

Schlagw.	L. F.
½ Lin.	8,7
1 „	15,2
1½ „	22,0
2 „	28,7

No. 3.

Schlagw.	L. F.
½ Lin.	7,2
1 „	13,0
1½ „	18,5
2 „	24,0
2½ „	29,3
3 „	35,0

Auch nach diesen Versuchen beträgt die Intensität für $\frac{1}{2}$ Linie Schlagweite 13,0, während sie um je 10,0 wächst, wenn die Schlagweite um je $\frac{1}{2}$ Linie zunimmt. Als wieder die grossen Kugeln aufgesetzt waren, erhielt ich bei derselben Einrichtung der Laneschen Flasche wie in No. 3.

No. 4.

Schlagw.	L.F.
$\frac{1}{2}$ Lin.	6,9
1 „	12,1
$1\frac{1}{2}$ „	17,5
2 „	22,9
$2\frac{1}{2}$ „	28,1
3 „	33,7
$3\frac{1}{2}$ „	39,0

Die Intensität ist bei der ersten halben Linie wieder 13,0. Zu bemerken ist noch, dass No. 4 für grössere Kugeln eine etwas kleinere Ladung bei gleicher Schlagweite ergiebt, als No. 3 für kleinere Kugeln des Funkenmessers. Die geringe Differenz zwischen 13 und $13\frac{1}{4}$ möchte vielleicht nach §. 3 mit der grössern Glasstärke der Batterie zusammenhängen, jedenfalls ist sie zu gering, als dass ich nicht in denselben Zahlen, wie bisher, die Intensität aus der Schlagweite herleiten sollte. — Dass übrigens auch der Funkenmesser des Herrn Riess die Schlagweite in demselben Verhältniss zur Intensität angiebt, wie ich es gefunden habe, beweist die Vergleichung der beiden von ihm mitgetheilten Reihen Pogg. Ann. Bd. 73 pag. 381 und pag. 389, wo dieselben Intensitäten erstens durch den Funkenmesser und zweitens durch die Torsionswage bestimmt wurden. Die Torsionswage gab ihm bei einer Distanz der Scheiben

	von 2‴	5‴	10‴	20‴	50‴	
die Verhältnisszahlen	0,173	0,335	0,492	0,683	0,897	und

der Funkenmesser, wenn die Intensitäten nach seiner Weise zur Funkenlänge proportional gesetzt werden, die Verhältnisszahlen

0,105 0,272 0,451 0,687 0,914;

dagegen giebt der Funkenmesser, wenn die Intensitäten nach meinen

Angaben aus der Funkenlänge hergeleitet werden, die Verhältnisszahlen

0,173 0,338 0,493 0,697 0,913,

welche offenbar die richtigen sind, da beide Beobachtungsweisen nur so zu Resultaten führen, die mit einander, soweit es verlangt werden kann, übereinstimmen.

§. 6. Entladet sich eine Batterie über feststehende Kugeln, so bleibt ein geringer Theil der Ladung etwa $\frac{1}{8}$ in ihr zurück, welcher das Residuum genannt wird. Dieses Residuum erklärt sich wohl nicht daraus allein genügend, dass die nicht völlig auseinander gesprengte Luft zwischen den Kugeln den Uebergang einer weniger intensiven Elektricität unterbricht, sondern sicher übt auch das Glas einen entschiedenen Einfluss aus, da selbst wenn beide Belegungen kurze Zeit hindurch metallisch verbunden waren, ein kleines Residuum sich nach und nach sammelt. Eine nach allen Seiten befriedigende Erklärung dürfte bei unsern jetzigen Kenntnissen kaum möglich sein. Wichtig wäre es zunächst, dass die Grösse des Residuums im Verhältniss zur ursprünglichen Ladung genauer als bisher bestimmt würde; doch müsste sich die Untersuchung auf Flaschen von verschiedener Form und Glasstärke erstrecken.

II. Die Spannungsverhältnisse auf dem einfachen Schliessungsbogen der Batterie.

§. 7. Ist eine Batterie mit einem einfachen nur an einer Stelle unterbrochenen Schliessungsbogen verbunden, so kann sie soweit geladen werden, bis die freie Spannung im Innern die Luftschicht zwischen den die Unterbrechung bildenden Kugeln zersprengt und damit auch an dieser Stelle eine leitende Verbindung herstellt. Die im Innern der Batterie enthaltene positive Elektricität (denn die Ladung mag durchgängig mit positiver Elektricität bewirkt werden) verbindet sich jetzt mit der negativen auf der äussern Belegung und die Batterie wird bis auf das Residuum entladen. Während sich die beiden Elektricitäten auf dem Schliessungsbogen ausgleichen, treten auf ihm besondere Wirkungen hervor, von denen ich selbst bisher nur die Wärmeentwicklung und die freie Spannung der strömenden Elektricität näher untersucht habe.

§. 8. Bleiben wir zuvörderst bei der letztern Erscheinung stehen, so sei die Batterie *H* (*Fig.* 1), die ihre Ladung auf dem Draht *M* vom Conductor *L* der Maschine erhält und die aussen durch den Draht *V* mit dem Erdboden in leitender Verbindung steht, durch den Schliessungsbogen *ABC* geschlossen, der nur durch die Luftschicht zwischen den beiden Kugeln *I* unterbrochen ist. Der Abstand dieser Kugeln sei, um einen bestimmten Fall zu haben, so gross, dass die freie Spannung im Innern der Batterie bis zu einer Intensität = 40 gelangt, ehe sie die Luftschicht zersprengt. Bis zu diesem Moment ist die Intensität auf *A* ebenfalls = 40; die Elektricität bleibt unbeweglich; sowie aber *I* durchbrochen und zwischen den Kugeln eine leitende Verbindung hergestellt ist, geht die positive Elektricität aus dem Inneren nach *B* zu oder vielmehr, wenn wir die Elektricität nicht als eine Materie betrachten, bewegt sich der Strom dadurch vorwärts, dass jedes positiv elektrische Theilchen auf dem nächst folgenden die Null-Elektricität in positive und negative scheidet, sich mit der negativen ausgleicht, und dadurch das folgende Theilchen in den positiv elektrischen Zustand versetzt. Diese Ausgleichung und Erregung geht von Theilchen zu Theilchen und immer empfängt das erste wieder neue Kraft von der Batterie, die den Strom so lange unterhält, bis die Elektricität in ihrem Innern erschöpft ist. Indem aber die positive Elektricität von der innern Belegung abströmt, kann die negative auf der äussern Belegung nicht mehr im gebundenen Zustande verharren, sondern sie muss in dem gleichen Masse wie die positive abgeht, in den Zustand der freien Elektricität übergehen. Will man diesen Hergang mehr Schritt vor Schritt verfolgen, so mag man sich ihn durch den bekannten Versuch versinnlichen, wo man eine geladene Flasche isolirt aufstellt, die freie positive Elektricität aus dem Innern durch Berührung fortnimmt, dann die frei gewordene negative von der äussern Belegung entfernt, und so in derselben Weise fortfährt, bis die ganze Flasche entladen ist. Nur hüte man sich den Hergang bei der Entladung über einen Schliessungsdraht als einen so absatzweise erfolgenden anzusehen; die Strömung ist hier continuirlich und was wir vorher von einer immerwährenden Ausgleichung und einer immer neuen Erregung von Theilchen zu Theilchen sagten, ist eben das Wesen eines continuirlichen Stroms, der ununterbrochen pulsirt. Denken wir uns nun den Schliessungsdraht von einer so immensen Länge oder von einer so grossen Ausdehnung, dass bereits ein nicht unbeträchtlicher Theil der positiven Elektricität aus dem Innern der Batterie geströmt ist, ehe die elektrische Erregung über *B* auf *C* zu nach der äussern Belegung gelangt, so muss auch bereits ein nicht unbeträchtlicher Theil der gebundenen negativen Elektricität frei geworden und in Bewegung gesetzt sein, denn sonst würde sie die positive im gebundenen Zustand zurückgehalten haben und diese hätte nicht aus der Batterie getreten sein können. Zum Abströmen bieten sich der negativen Elektricität zwei Wege dar, einmal der Schliessungsdraht von *C* nach *B* zu, dann der Draht *V*, der zum Erdboden leitet. Es kann wohl kaum einem Zweifel unterliegen, dass die negative Elektricität sich auf diese beiden Wege vertheilt; der Theil, welcher von *C* nach *B* fliesst, trifft auf den positiven Strom von *A* über *B* nach *C*, der dadurch zwar nicht in seiner Natur verändert wird, da ihm auch bisher die negative Elektricität von Theilchen zu Theilchen entgegentrat, wohl aber an Kraft gewinnt. Ist endlich der Strom von *A* bis *C* gelangt, so hört das Abströmen der negativen Elektricität über *V* auf, da sie jetzt vollständig von der aus dem Innern kommenden positiven ausgeglichen wird; es wird aber noch ein Rest positiver Elektricität bleiben, nahe gleich dem Quantum negativer, das bereits über *V* seinen Weg zum Erdboden genommen hat; dies wird denselben Weg über *V* einschlagen müssen. Den hier vorausgesetzten Fall von einer immensen Ausdehnung des Schliessungsbogens habe ich noch keine Gelegenheit gehabt zu untersuchen; ich beschränke mich demnach auf den einfachern Fall, wo der Schliessungsdraht so wenig umfangreich ist, dass ein Abströmen der negativen Elektricität über *V* völlig unmerklich, also die Elektricität auf der äussern Belegung in keiner irgend wie bemerkbaren Weise die Eigenschaften der freien Elektricität erlangt, sondern vielmehr, da sie sofort wie sie von der äussern Belegung abströmen will von der positiven ausgeglichen wird, in der Intensität ihrer freien Spannung während der ganzen Dauer der Entladung auf Null stehen bleibt. Für diesen Fall ist also die Intensität der innern Belegung im Momente, wo zwischen den Kugeln *I* die Verbindung hergestellt ist, nach dem oben angenommenen Beispiele = 40, die Intensität der äussern Belegung = 0; ferner ist wohl anzunehmen, dass in dem Masse als die Entladung fortschreitet die Intensität im Innern heruntersinkt, endlich ist noch klar, dass alle positive Elektricität, die aus dem Innern strömt, als freie Elektricität austritt, weil ja die negative der äussern Belegung in dem Masse ausgeglichen wird oder verschwindet, als die positive vom Innern zu ihr gelangt, auch gebundener Elektricität jede Kraft zum Strömen fehlen würde; es bleibt somit nur zu untersuchen übrig, welchen Grad freier Spannung oder welche Intensität die strömende Elektricität an jeder Stelle des Schliessungsbogens besitzt und zwar zunächst in dem Momente, wo die Intensität im Innern = 40 ist.

§. 9. Die einfachsten Versuche lehren sogleich, dass die Intensität auf dem Schliessungsbogen mit der Entfernung von der innern Belegung abnimmt. Verbindet man nämlich denselben Draht nach und nach mit Stellen des Schliessungsbogens, die immer weiter von *I* ab nach *C* zu liegen, und stellt sein anderes Ende immer auf dieselbe Weise auf eine gleiche Harzplatte, so werden die positiv elektrischen Figuren, die durch aufgestreuten Staub sichtbar gemacht werden, immer kleiner und unansehnlicher und zeigen sogleich, dass die Intensität der Elektricität, die hier ausströmt, immer geringer wird. (Elektrische Staubfiguren findet man von mir angegeben Pogg. Ann. Bd. 66 p. 235). Diese Figuren können indess auf keine genauern Zahlenwerthe führen; um diese zu erlangen, muss man sich des Funkenmessers bedienen, über dessen Kugeln die Elektricität je nach ihrer Intensität sich einen neuen Weg durch eine dickere oder schwächere Luftschicht bahnt. Zunächst wird man sich aber darüber klar werden müssen, wie man den Funkenmesser anwenden und wie man aus der Länge der über ihn schlagenden Funken auf die Intensität der auf dem Schliessungsbogen strömenden Elektricität zurückschliessen will. Zur leichtern Uebersicht werde ich mit einer speciellen Versuchsreihe beginnen, die ich zu diesem Behufe besonders ausgeführt habe. Die nicht isolirte Batterie *H* (*Fig.* 2) besteht aus den beiden Flaschenpaaren (*A*) und (*C*); in jede Flasche führt ein $1\frac{1}{2}'$ langer Kupferdraht von 1,15 Lin. Durchmesser; ein gleich starker Draht *A* von 2′ Länge geht bis zum Auslader *I*, dessen Kugeln auf eine constante Ladung der Batterie = 37,5 gestellt sind; von *I* ab bis *B* kommen 2′ Kupferdraht von 0,513 Lin. Durchmesser, dann von *B* bis *D* ein Kupferdraht von 24′ Länge und von *D* ab bis zur äussern Belegung *E* ein Kupferdraht von 3′ Länge, beide von gleicher Stärke mit dem Drahte *IB*. Der Funkenmesser *F* verbindet die beiden Stellen *B* und *D* des Schliessungsbogens mit einander. Mag nun diese Verbindung der Art sein, dass *B* und *D* unmittelbar in die Näpfe des Funkenmessers fallen, oder der Funkenmesser bei *B* stehen und hinter ihm ein kürzerer oder längerer Draht die Verbindung bis *D* herstellen (wobei zur Vermeidung einer störenden Induction der Draht senkrecht auf *CDE* stossen muss), oder der Funkenmesser bei *D* sein und vor ihm ein Draht die Verbindung mit *B* bewerkstelligen, in jedem von diesen Fällen springt während der Entladung der Batterie ein Funke über die Kugeln des Funkenmessers, wenn dieselben bis auf eine gewisse Entfernung einander genähert werden, auch ist die Messung der Funkenlänge (des längsten möglichen Funkens) bis auf einige später zu erwähnende Ausnahmen mit grosser Sicherheit auszuführen. Obschon aber aus den Gesetzen über die Verbreitung der freien Elektricität folgt, dass die Intensitäten des Stromes sich von *B* und von *D* aus den Kugeln des Funkenmessers mittheilen, so können über die daraus entspringende Funkenlänge doch noch mehrere Annahmen zur Geltung kommen, die wir besprechen und deren Consequenzen wir erörtern wollen. Es lässt sich zuerst annehmen, dass die Mittheilung der Elektricität mit unveränderter Intensität in einem unmessbaren Moment erfolgt; unter dieser Bedingung würde die Funkenlänge über *F* unmittelbar die Differenz der Intensitäten oder die Spannungsdifferenz der beiden Stellen *B* und *D* angeben und zwar für den Anfangspunkt der Entladung, wo das Innere der Batterie noch die ursprüngliche Intensität, hier 37,5 besässe. Dann ist es grade umgekehrt möglich, dass die Mittheilung bis zu den Kugeln *F* eine, wenn auch sehr kleine Zeit in Anspruch nimmt; fände dies statt, so müsste der Funke kürzer als die Spannungsdifferenz sein, ebensowohl wenn der Funkenmesser in *B* und der Draht hinter ihm ist, als wenn derselbe sich in *D* und der Draht vor ihm befindet, und die Störung müsste desto deutlicher hervortreten, je schlechter leitend der Verbindungsdraht wäre; denn bei der letztern Verbindungsweise gelangte die Elektricität von *B* bereits mit geringerer Intensität bei *F* an, bei der andern müssten wir berücksichtigen, dass die Elektricität, um über die Kugeln zu schlagen, sich zuvor durch Induction den Uebergang möglich macht, was ein Abströmen der positiven Elektricität auf dem verbindenden Drahte bedingt und, wenn dies verlangsamt ist, eine Verzögerung des Funkenüberschlags nach sich zieht; käme also die Elektricität von *D* auch mit etwas geringerer Intensität in *F* an, so würde doch die Verzögerung in der Induction die etwas vergrösserte Spannungsdifferenz nicht hervortreten lassen, sondern eher kürzere Funken erzeugen. Da uns indess die Bedingungen noch nicht bekannt sind, die erfüllt sein müssen, damit ein Funkenschlag von strömender Elektricität aus auch bei erschwerter Leitung erfolge, so können wir über die unter den angegebenen Umständen zu erwartende Verkürzung des Funkens nichts im voraus feststellen, sondern müssen darüber die Beobachtungen selbst befragen. Ferner lässt sich annehmen, dass zwar die Elektricität von *B* und *D* momentan zu den Kugeln *F* gelangt, dass sie aber eben durch die Bewegung einen Impuls erhält, um sich gegen die Kugeln hin aufzustauchen oder zu verdichten, wodurch ihre Intensität verstärkt wird. Wäre dies der Fall, so würde der Funke länger werden, wenn der Funkenmesser bei *D* und kürzer, wenn er bei *B* ist, und die Wirkung würde desto bemerkbarer sein, einen je längern verbindenden Draht man genommen hätte. Endlich dürfte man annehmen wollen, dass die Funkenlänge über *F* von der Stromtheilung abhängig wäre, die nach der durch den Funken über *F* hergestellten Verbindung auf die Zweige *B F D* und *B C D* statt findet. Obschon diese Annahme eigentlich schon bei einiger Ueberlegung sich als unstatthaft erweiset, da von einer Stromtheilung so lange noch keine Rede sein kann, als die Luftschicht zwischen *F* den Uebergang über den Zweig *B F D* hindert und somit der überschlagende Funke wohl eine Folge der auf den Kugeln *F* befindlichen Elektricitäten ist, nicht aber eine Folge der Stromtheilung, die erst nach dem übergeschlagenen Funken eintritt, so will ich doch die Consequenzen anführen, die diese Ansicht nach sich ziehen würde. Macht man den verbindenden Zweig, um über die eintretende Stromtheilung nicht in Zweifel zu sein, an Stoff und Stärke dem Zweige *B C D* gleich, so theilt sich der Strom in beide Zweige umgekehrt proportional zu ihrer Länge und es geht, wenn die Länge von *B C D* constant bleibt, ein desto geringerer Stromtheil durch *B F D*, je länger dieser Draht wird. Der in diesem Falle immer schwächer schallende Funke über *F* giebt die Stromtheilung auch schon dem Ohre vernehmbar an. Wäre nun der Funke eine Folge der Stromtheilung, so müsste er nothwendig desto kürzer werden, je länger der verbindende Draht wäre, denn annehmen, der Funke zwischen *F* sei eine Folge der Stromtheilung, und zugleich annehmen, dass die Länge des Funkens durch eine veränderte Stromtheilung nicht verändert werde, würde doch sicher unhaltbar sein. — Bei der vorher erwähnten Versuchsreihe war der verbindende Draht ein Kupferdraht von derselben Stärke wie der Draht *B C D*, nur seine Länge wurde verändert; war diese sehr beträchtlich, so wurde der Draht erst tief unter *C D E* oder *C B A* fortgeführt, dann nach oben senkrecht zu *D* oder *B*. Die Versuche ergaben bei einer constanten Ladung der Batterie auf 37,5

1) Funkenmesser bei *B*, Kupferdraht hinten nach *D*,

$$FD = \begin{cases} 4' \\ 8' \\ 16' \\ 24' \end{cases} \text{Spannungsdiffer. zwischen } B \text{ u. } D = \begin{cases} 25,7 \\ 25,5 \\ 25,5 \\ 25,5; \end{cases}$$

2) Funkenmesser bei *D*, Kupferdraht vorn nach *B*,

$$BF = \begin{cases} 4' \\ 8' \\ 16' \\ 24' \end{cases} \text{Spannungsdiffer. zwischen } B \text{ u. } D = \begin{cases} 25,0 \\ 25,0 \\ 29,7 \\ 28,7 \end{cases}$$

Die Funkenmessungen in der zweiten Abtheilung waren unsicherer, besonders als *BF* eine Länge von 16 bis 24 Fuss hatte; die angegebenen Spannungsdifferenzen sind die grössten, die beobachtet wurden, doch blieb auch bei kleinern Distanzen der Kugeln der Funke mehrfach aus. Diese Versuche beweisen zunächst, dass an eine Abhängigkeit des Funkens von der Stromtheilung oder der Verzweigung des Schliessungsbogens gar nicht gedacht werden dürfe, wie dies auch von vornherein unannehmbar war; zweitens zeigen sie, dass die Elektricität von *B* und *D* aus auf dem Kupferdraht momentan zu den Kugeln gelangt, da die längern Drähte ebenso wie die kürzern wirken (vielleicht möchten jedoch die beiden erstern Zahlen der zweiten Abtheilung auf eine sehr kleine Verzögerung hindeuten), und dass somit die Funkenlänge über *F* die wahre Spannungsdifferenz zwischen den Punkten *B* und *D* angiebt, wenn anders nicht irgendwo noch ein constantes Hinderniss vorhanden ist; drittens lehren sie, dass die Elektricität in ihrer Bewegung auf einem längern Draht gewissermassen stossweise gegen die Kugeln fährt und damit die Luftschicht leichter durchbricht. Dieser Stoss ist aber unbemerkbar, wenn einmal der verbindende Draht eine mässige Länge nicht überschreitet und dann, wenn er auch bei grösserer Länge eine Stelle des Schliessungsbogens mit dem Funkenmesser verbindet, welche Elektricität geringerer Intensität enthält. Ueberdies möchte wohl der Stoss noch bemerkbarer werden, wenn die Kugeln des Funkenmessers klein sind und ähnlich wie Spitzen einen geringern Widerstand leisten; schon aus diesem Grunde allein sind Funkenmesser mit grossen Kugeln vorzuziehen. — Ich schloss noch den Draht *BCD* unmittelbar mit dem Funkenmesser; als hierbei die Drähte *IB* und *ED* näher an einander lagen, war die beobachtete Spannungsdifferenz = 28,2, dagegen nur 26,7, als die genannten Drähte soweit als möglich aus einander gehalten wurden. Diese Verbindungsweise zweier Stellen des Schliessungsbogens kann also leicht durch eintretende Inductionen zu kleinen Irrthümern Veranlassung geben. Um endlich zu sehen, welchen Einfluss eine schlecht leitende Verbindung von *F* nach *D* ausübt, schaltete ich zwischen den Funkenmesser, der bei *B* stand, und zwischen *D* 4' Kupferdraht und ausserdem einen dicken 3 Zoll langen nassen baumwollnen Faden ein; die Intensität des schwachen überschlagenden Funkens sank hierdurch auf 15,7 herab und es zeigte sich somit deutlich, dass eine gehemmte Leitung ein bedeutendes Hinderniss bietet und die Funkenlänge beträchtlich verkleinert.

§. 10. Wenn nun, wie wir so eben nachgewiesen haben, bei gewissen Verbindungsweisen zweier Stellen des Schliessungsbogens mittelst des Funkenmessers die Spannungsdifferenz der an diesen Stellen strömenden Elektricität für den Moment der eben beginnenden Entladung aus der Länge des überschlagenden Funkens entnommen werden kann, bei andern Verbindungsweisen dagegen der Funke durch Stoss verlängert, bei andern wieder durch mangelhafte Leitung verkürzt wird, so lässt sich hieraus unmittelbar folgern, was geschehen muss, wenn man die Ladung der Batterie verändert. In dem ersten Falle, wo keine Störung vorhanden ist, muss die aus dem Funken abgeleitete Spannungsdifferenz proportional zur Ladung der Batterie bleiben; in dem zweiten Fall muss der Funke im Verhältniss desto länger werden, je stärker die Batterie geladen wird, weil sich dadurch die Wirkung des Stosses steigert; im dritten Falle endlich muss ebenfalls der Funke schneller an Länge wachsen als die Batterieladung zunimmt, weil auch hier das Hinderniss durch eine stärkere Spannung leichter überwunden wird. Diese Folgerungen bestätigen die Versuche, die ich Pogg. Ann. Bd. 78 p. 54 mitgetheilt habe. Als der Funkenmesser die beiden untersuchten Stellen des Schliessungsbogens unmittelbar verband und ebenso als hinter dem Funkenmesser ein Kupferdraht von 16′ Länge zur Aussenseite der Batterie führte, wuchs die beobachtete Spannungsdifferenz proportional zur Batterieladung, deren Intensität von 20 auf 30, 40 und 50 verändert wurde. Dasselbe war noch der Fall, als die genannten 16′ Kupferdraht durch 8′ feinen Neusilberdraht ersetzt wurden, nur blieb die Funkenlänge hier etwas kleiner als vorher. Als dagegen hinter dem Funkenmesser ein isolirter Draht angebracht wurde, der die Ableitung vollkommen erschwerte, hörte die Proportionalität zwischen der Funkenlänge und der Batterieladung auf, indem jene viel schneller zunahm als diese. Dieselben Versuche gaben noch das Resultat, dass die Funkenlänge bei schwachen Ladungen der Batterie bis zu Intensitäten = 10 und 15 zu klein ausfiel, ja die Funken setzten bei der Intensität = 10 ganz aus, als hinter dem Funkenmesser der Neusilberdraht oder der isolirte Draht angebracht waren. Vergleicht man hiermit einige noch später anzuführende Beobachtungen, wo auch bei stärkerer Batterieladung kürzere Funken, die aus einer kleinern Spannungsdifferenz entstehen, jedesmal gegen die zu erwartende Länge zurückbleiben, so muss als Regel gelten, dass man bei diesen Untersuchungen Funken unter $\frac{1}{3}$ bis $\frac{1}{2}$ Linie Länge nicht füglich zur Feststellung der Thatsachen anwenden dürfe. Endlich erwähne ich noch, dass bei schlechter leitenden Drähten in dem Schliessungsbogen die überspringenden Funken zu kurz ausfallen, wenn die Batterie zu wenige Flaschen enthält; man wird auf diesen Umstand leicht dadurch aufmerksam gemacht, dass die Beobachtungen unsicherer werden; vermehrt man die Flaschenzahl in der Batterie, so fallen die Messungen scharf aus, die Funken werden länger, nehmen aber nicht weiter zu, wenn man die Flaschenzahl noch mehr vergrössert. Fassen wir jetzt alle Regeln zusammen, die bei der Untersuchung der freien Spannung auf dem Schliessungsbogen einer Batterie berücksichtigt werden müssen, so sind es folgende. 1) Man verbinde durch den Funkenmesser zwei Stellen des Schliessungsbogens am besten mittelst eines kupfernen Verbindungsdrahts von 4 bis 8 Fuss Länge, der von der Stelle mit stärkerer Intensität ebenso wie von der mit schwächerer ausgehen kann. 2) Man verbinde nur solche zwei Stellen, deren Spannungsdifferenz eine Funkenlänge von wenigstens $\frac{1}{3}$ oder $\frac{1}{2}$ Linie giebt, da kürzere Funken zu leicht hinter dem wahren Werth zurückbleiben. 3) Wenn die Beobachtungen nicht sicher genug ausfallen, was am ersten bei schlecht leitenden Drähten im Schliessungsbogen eintritt, so vermehre man die Flaschenzahl in der Batterie, bis die überspringenden Funken bei gleicher Ladungsintensität nicht mehr an Länge zunehmen. 4) Man nehme keine Messungen als zuverlässig an, in denen sich die aus den Funkenlängen abgeleiteten Spannungsdifferenzen nicht proportional zu den Batterieladungen verhalten.

§. 11. Ich habe über die Spannungsverhältnisse auf dem Schliessungsbogen zwei Beobachtungsreihen bekannt gemacht, die eine Pogg. Ann. Bd. 67 p. 327, die andere daselbst Bd. 67 p. 468. Zu der ersten Reihe stand mir nur ein unvollkommener Funkenmesser zu Gebote und sie verdient daher keine besondere Beachtung, die andere ist sorgfältig durchgeführt, nur wurden die betreffenden Stellen des Schliessungsbogens stets unmittelbar mit dem Funkenmesser verbunden. Da auf diese Weise leicht kleine Störungen durch Induction eingetreten sein konnten, die indess wenigstens in keinem erwähnenswerthen Belange vorhanden sind, so habe ich später zu meiner eigenen Sicherheit noch eine neue Reihe von Beobachtungen angestellt, die ich an dieser Stelle anführen will, um damit die Resultate der gesammten Untersuchung mitzutheilen. Die Batterie *H* (Fig. 3) bestand aus 2 Flaschen der ältern Art; nach den Drähten im Innern der Flaschen, die zusammen zu $\frac{1}{2}'$ gerechnet werden, kamen von demselben Kupferdraht zu 0,513 Linien Durchmesser hinter einander $1\frac{1}{2}'$ bis *A*, 8′

bis *B*, $\frac{3}{4}'$ bis *I*, $\frac{3}{4}'$ bis *D*, 8' bis *E* und 3' bis *F* der Aussenseite der Batterie (*L*, *M* und *V* haben die frühere Bedeutung); hierauf wurden erst *A* und *B*, dann *D* und *E* unmittelbar mit dem Funkenmesser verbunden, was hier nichts schaden konnte, da der übrige Draht noch lang genug war, um ihn zur Beseitigung von Störungen gehörig aus einander zu halten. Bezeichnet man die Intensität der Batterieladung mit *I*, die beobachtete Spannungsdifferenz mit *D* und die Reduction derselben auf eine Batterieladung = 40 mit *D. r.*, so gaben die Versuche

1) *A* und *B* verbunden;

I	*D*	*D. r.*
30	8,7	11,5
40	11,5	11,5
50	14,2	11,4
	Mittel	11,5.

2) *D* und *E* verbunden;

I	*D*	*D. r.*
30	8,4	11,2
40	11,2	11,2
50	14,2	11,4
	Mittel	11,3.

Hierauf wurde nach Fig. 4. der Draht *AB* hinter den Auslader versetzt, doch so dass die Länge sämmtlicher Drähte unverändert blieb. Die Versuche gaben jetzt

3) *A* und *D* verbunden;

I	*D*	*D. r.*
30	8,7	11,5
40	11,4	11,4
50	14,3	11,5
	Mittel	11,5.

4) *A* und *E* verbunden;

I	*D*	*D. r.*
30	19,1	25,4
40	25,5	25,5
50	31,4	25,1
	Mittel	25,3.

Vergleicht man die Reihen 1) 2) 3) mit einander, so geben sie, da die Spannungsdifferenzen der Endpunkte gleicher Drähte an allen Stellen des Schliessungsbogens einander gleich sind, das einfache Resultat, dass die freie Spannung der strömenden Elektricität vom Innern der Batterie ab genau proportional zur Länge des homogenen Schliessungsbogens abnimmt, d. h. dass auf jeder gleich langen Strecke eine gleich starke Abnahme der freien Spannung eintritt, wobei auch der Theil des Schliessungsbogens, der vor dem Auslader ist, keine Ausnahme macht. Dies Gesetz ist so einfach und entspricht der Natur. der Sache so sehr, dass man selbst ohne Versuche auf dasselbe durch blosses Ueberlegen gelangen müsste. Im Moment der Entladung ist die Intensität im Innern der Batterie = 40; freie Elektricität gehört zum Strömen; die Elektricität strömt über den Schliessungsbogen und gelangt an die Aussenseite der Batterie mit einer Intensität = 0 an; wie anders sollte sie also auf einem homogenen Schliessungsbogen ihre Intensität verlieren als gleich viel auf jeder Strecke? Beim galvanischen Strom ist es anerkanntermassen grade ebenso. Berechnet man die erhaltenen Zahlen, so beträgt die Länge des Schliessungsbogens, wenn man für die Drähte in den beiden Flaschen 0,5 und für den Auslader 0,7 Fuss ansetzt, im Ganzen 23,2 Fuss. Bei einer gleichmässigen Abnahme sollte also für eine Batterieladung = 40 zwischen den Endpunkten einer Drahtlänge von 8' die Spannungsdifferenz 13,8 und zwischen den Endpunkten von 16' 27,6 betragen; die Beobachtungen geben dafür nur 11,4 und (nach No. 4) 25,3, Zahlen, die um 2,4 oder 2,3 zu klein sind. Woher dieser constante Verlust komme, hat mein Nachdenken lange beschäftigt, ohne dass ich ihn mir genügend erklären konnte; die frühern Beobachtungen (Pogg. Ann. Bd. 67 p. 468) hatten denselben gleich grossen Verlust gegeben; ein glücklicher Umstand hat endlich die Erklärung dargeboten, die ich gleich nachher anführen werde. Es wurden hierauf noch die Spannungsdifferenzen zwischen *A* und *E* (Fig. 4) und zwischen *A* und *F* beobachtet, wenn zur Verbindung derselben ausser dem Funkenmesser 4' Kupferdraht oder 4' feiner Neusilberdraht gebraucht wurden.

A und *E* verbunden, Funkenmesser in *A*;

5) von *E* aus 4' Kupferdr.

I	*D*	*D. r.*
30	19,2	25,7
40	25,7	25,7
50	32,0	25,6
	Mittel	25,7

6) von *E* aus 4' Neusilberdr.

I	*D*	*D. r.*
30	18,2	24,3
40	25,2	25,2
50	31,5	25,2
	Mittel	25,2

A und *E* verbunden, Funkenmesser in *E*;

7) von *A* aus 4' Kupferdr.

I	*D*	*D. r.*
30	17,7	23,7
40	24,7	24,7
50	30,5	24,4
	Mittel	24,6.

8) von *A* aus 4' Neusilberdr.

I	*D*	*D. r.*
30	17,7	23,7
40	24,7	24,7
50	30,7	24,6
	Mittel	24,7

A und *F* verbunden, Funkenmesser in *A*;

9) von *F* aus 4' Kupferdr.

I	*D*	*D. r.*
30	22,2	29,7
40	29,7	29,7
50	37,2	29,8
	Mittel	29,7.

10) von *F* aus 4' Neusilberdr.

I	*D*	*D. r.*
30	21,5	28,7
40	29,0	29,0
50	36,4	29,1
	Mittel	28,9.

Die Reihen 7) und 8) sind wie bei dem früher erwähnten Versuche etwas gestört; im Uebrigen ist nur zu erwähnen, dass die berechnete Spannungsdifferenz zwischen *A* und *F* = 32,7 ist also wieder um 3,0 oder 3,8 grösser, und dass die Verbindung mit der Aussenseite der Batterie nie gleich scharfe Zahlen giebt als die Verbindung mit einer andern Stelle des Schliessungsbogens. — Auf einem durchweg homogenen Schliessungsbogen sind also die Spannungsverhältnisse der strömenden Elektricität höchst einfach und mit dem galvanischen Strom übereinstimmend. Wir gehen nun zu dem Falle über, wo ein schlecht leitender Draht in den Bogen eingefügt ist; ich habe dazu Platindraht von 0,081 Linien Durchmesser gewählt und werde eine Länge desselben von 16,8 Zoll der Kürze wegen mit *P* bezeichnen. Da der angewandte Kupferdraht im Querschnitt etwa 40 mal so stark ist als der Platindraht, so wird der Widerstand von *P* dem Widerstande von etwa 360' Kupferdraht entsprechen oder wenn Kupferdraht, wie es scheint, im elektrischen Strom etwas mehr als im galvanischen hemmen sollte, so wird doch sicher *P* an Widerstand = 100' Kupferdr. sein. Wäre das galvanische Gesetz der Spannungsverhältnisse auch für schlechter leitende Drähte gültig, so würde die freie Spannung auf den einzelnen Stücken des Schliessungsbogens im Verhältniss zu ihrem Widerstande abnehmen, es würde also, wenn in dem Fig. 4 angegebenen Schliessungsbogen 2' Kupferdraht durch den Platindraht *P* ersetzt würden, die Spannung auf *P* um den $\frac{100}{121}$ Theil und auf dem gesammten übrigen Kupferdraht um den $\frac{21}{121}$ Theil der ganzen Spannung sinken. Ladet man demnach die Batterie auf eine Intensität = 40, so würde die Spannungsdifferenz zwischen den Endpunkten von *P* = 33,1 und zwischen den Endpunkten einer Strecke des Kupferdrahts von 14' Länge = 4,6 sein. Allein die Versuche lehren, dass die Abnahme der Spannung auf *P* nur ebenso gross ist als auf einem Kupferdraht von 2 Fuss Länge und es tritt damit eine völlige Abweichung des elektrischen Stroms von dem galvanischen hervor; bei diesem ist die Abnahme der freien Spannung durch den Widerstand, bei jenem vorherrschend durch die Länge der Drähte bedingt. Ich gebe die Versuche; in Fig. 4 wurden in *DE* 2' Kupferdraht durch *P* ersetzt und die Endpunkte einmal von 14' Kupferdraht (*K*) dann von 12' *K* + *P* durch den Funkenmesser verbunden; die Messungen waren bei 2 Flaschen nicht scharf genug, weshalb die Batterie auf 3 Flaschen vergrössert wurde.

11) Die Endpunkte von 14' *K* verbunden;

I	*D*	*D. r.*
40	21,9	21,9
50	27,2	22,0

12) die Endpunkte von 12' *K* + *P* verbunden;

I	*D*	*D. r.*
40	21,5	21,5
50	26,7	21,4

Die Berechnung fordert 24,1 eine gegen die Beobachtung abermals um 2,4 im Mittel zu grosse Zahl. Noch wurden zur unmittelbaren Vergleichung mit den obigen Reihen

13) die Endpunkte von 14' *K* + *P* verbunden;

I	*D*	*D. r.*
40	25,2	25,2
50	31,2	25,0;

diese Zahlen stimmen mit 4) 5) 6). Damit kein Bedenken bliebe, ob nicht die Funkenlänge in den obigen Reihen durch die Vergrösserung der Batterie vergrössert worden wäre, so schloss ich bei 3 Flaschen in der Batterie nach Ersetzung des *P* durch 2′ *K* also in dem frühern Schliessungsbogen 16′ *K*. durch den Funkenmesser und erhielt wiederum eine Spannungsdifferenz im Mittel von 25,4. — Um das abweichende Verhältniss des elektrischen Stroms vom galvanischen zu bezeichnen, nenne ich solche Drähte, die in denselben Schliessungsbogen gefügt eine gleiche Spannungsdifferenz zwischen ihren Endpunkten haben, äquivalent (früher gebrauchte ich dafür den Ausdruck compensirt), und sage somit in dem vorliegenden Falle 16,8 Zoll Platindraht von 0,081 Linien Durchmesser sind äquivalent mit 2 Fuss Kupferdraht von 0,513 Linien Durchmesser oder *P* = 2′ *K*. Es ist übrigens schwierig, die äquivalente Länge verschiedener Drähte mit vollkommner Schärfe festzustellen, denn wenn schon in dem hier vorliegenden Beispiele von einem so dünnen Platindraht etwa 17 Zoll = 24 Zoll des viel dickern Kupferdrahts sind, so lässt sich leicht abnehmen, dass wenigstens durch Beobachtungen mit dem Funkenmesser die Frage unlösbar ist, wie die äquivalenten Längen von dem Querschnitt und dem Stoff abhängig sind; es lässt sich nur im Allgemeinen feststellen, dass von feinen und schlecht leitenden Drähten eine bestimmte Länge einer nur um etwas grössern eines dickern Kupferdrahts, der als Normaldraht dient, äquivalent ist. Viel genauer bestimmt man die äquivalente Länge aus der Stromtheilung mittelst des Luftthermometers, indess da mir auch hierbei in neuester Zeit ein noch nicht beachteter Punkt hervorgetreten ist, worüber ich später das Erforderliche anführen werde, so sehe ich die Untersuchung mit diesem Instrumente als noch nicht geschlossen an, jedoch bemerke ich ausdrücklich, um nicht missverstanden zu werden, dass das, was noch unerledigt ist, nur die Frage betrifft, ob man mit dem Luftthermometer die äquivalenten Längen in aller Schärfe bestimmen und damit als vom Stoff und dem Durchmesser abhängig herleiten könne, nicht aber die obige Angabe, dass das Verhältniss der äquivalenten Längen auch der verschiedensten Drähte nur wenig von dem Verhältniss ihrer natürlichen Längen abweicht.

§. 12. Als ich bei den später zu erwähnenden Versuchen mit der Nebenbatterie fand, dass durch die festere Verbindung des Schliessungsbogens mit den Belegungen der neueren und ebenso der älteren Flaschen die Correction der beobachteten Spannungsdifferenzen fortfiel, so war es mir interessant zu ermitteln, ob auch bei einem einfachen Schliessungsbogen die oben gefundene constante Differenz zwischen der Beobachtung und der Berechnung fortfallen würde. Ich nahm also zur Batterie nach Fig. 5 die beiden Flaschenpaare (*A*) und (*B*), die wie in Fig. 2 mit dem dicken Kupferdraht bis zum Auslader *I* verbunden wurden; es folgten hierauf von dem Kupferdraht *K* von 0,513 Linien Durchmesser hinter einander 3′ bis *A*, 8′ bis *B*, 16′ bis *C* und 3′ bis *D*; setzt man den dicken Kupferdraht bis *I* = 2′ *K* und den Auslader = 0,7′ *K*, so war der gesammte Schliessungsbogen = 32,7 Fuss *K*, somit die freie auf *I* = 40 reducirte Spannung in *A* nach der Berechnung = 33,0, in *B* = 23,2, in *C* = 3,7, in *D* = 0 und hieraus die Spannungsdifferenzen zwischen *A* u. *D* = 33,0, zwischen *A* und *C* = 29,3, zwischen *A* und *B* = 9,8, zwischen *B* und *C* = 19,5. Die Versuche ergaben:

Funkenmesser in *A*; *A* und *D* verbunden

1) durch 8′ *K*.			2) durch 8′ Neus.		
I	*D*	*D. r.*	*I*	*D*	*D. r.*
37,5	31,2	33,3	37,5	30,2	32,3
52,0	46,7	35,9	52,0	44,5	34,2
66,5	58,7	35,3	66,5	55,7	33,5
	Mittel	34,8.		Mittel	33,3.

Funkenmesser in *A*; *A* und *C* verbunden

3) durch 8′ *K*.			4) durch 8′ Neus.		
I	*D*	*D. r.*	*I*	*D*	*D. r.*
37,5	28,7	30,7	37,5	26,7	28,5
52,0	40,2	30,9	52,0	39,2	30,2
66,5	50,7	30,5	66,5	49,2	29,6
	Mittel	30,7		Mittel	29,4.

Funkenmesser in *A*; *A* und *B* verbunden

5) durch 8′ *K*.			6) durch 8′ Neus.		
I	*D*	*D. r.*	*I*	*D*	*D. r.*
52,0	11,7	9,0	52,0	11,0	8,4
66,5	16,2	9,8	66,5	15,2	9,2.

Es wurden hierauf die 3′ *K* zwischen *I* und *A* durch 1′ *K* und 16,8 Zoll Platindraht oder durch 1′ *K* + *P* ersetzt.

Funkenmesser in *A*; *A* und *C* verbunden

7) durch 8′ *K*.			8) durch 8′ Neus.		
I	*D*	*D. r.*	*I*	*D*	*D. r.*
37,5	27,2	29,1	37,5	26,2	28,0
52,0	40,2	30,9	52,0	40,2	30,9
66,5	49,2	29,6	66,4	49,7	30,0
	Mittel	29,9.		Mittel	29,3.

Funkenmesser in *B*; *B* und C verbunden

9) durch 8′ *K*.			10) durch 8′ Neus.		
I	*D*	*D. r.*	*I*	*D*	*D. r.*
37,5	17,7	18,9	37,5	16,0	17,1
52,0	26,2	20,6	52,0	24,7	19,1
66,5	33,0	19,8	66,5	32,7	19,7
	Mittel	19,8.		Mittel	19,4.

Diese Beobachtungen, die soweit es nur verlangt werden kann mit der Berechnung übereinstimmen, entfernen noch das einzige Bedenken, das die frühern Versuche wegen der constanten Differenz zurückliessen; sie zeigen, dass der Grund der Abweichung in der zu lockern Verbindung des Schliessungsbogens mit der innern Belegung gelegen hatte.

§. 13. Gegen meine frühern Versuche hat Herr Riess (Pogg. Ann. Bd. 76 p. 466) eine Reihe Beobachtungen mitgetheilt, auf die ich jetzt näher eingehen werde. Die Batterie, die der Grösse ihrer Flaschen nach nicht näher angegeben ist, wurde durch einen Schliessungsbogen geschlossen, der von der innern Belegung an aus einer Messingröhre von 24 Zoll $4\frac{1}{6}$ Linie dick, aus dem Schlagwerk zur Entladung nämlich 2 Kugeln und einem Messingstab 9 Zoll lang $3\frac{1}{3}$ Linien dick, weiter aus einem Messingdraht 22,2 Zoll lang und $1\frac{7}{8}$ Linien dick, dann aus einem veränderlichen Draht (Stammdraht) zwischen zwei Gestellen bestand, hieran schlossen sich ein 5,8 Zoll langer $3\frac{1}{2}$ Linien dicker Messingdraht, ein 32,3 Zoll langer Kupferstreifen und ein $14\frac{1}{2}$ Zoll langer $1\frac{1}{2}$ Linie dicker Kupferdraht. Gegen den Stammdraht (anfänglich ein $24\frac{1}{2}$ Zoll langer und $\frac{4}{3}$ Linie dicker Messingdraht) wurde senkrecht ein Draht (Ast) bis zu der einen Kugel des Funkenmessers und ein anderer (Seitendraht) in gleicher Richtung von der zweiten Kugel isolirt fortgeführt; Ast und Seitendraht wurden mehrfach verändert. Bei den Versuchen wurde der Funkenmesser auf 0,1 0,4 und 0,7 Linien Schlagweite eingestellt, die Batterie durch Abzählen an einer Laneschen Massflasche soweit geladen, bis ein Funke erschien und die Zahl der Laneschen Ueberschläge angegeben. Nach meinen vorher mitgetheilten Erfahrungen vermag ich kaum abzusehen, was Herr Riess mit diesen Versuchen zum Nutzen anderer bezweckt hat. Zuerst giebt er uns nicht die Schlagweiten der geladenen Batterie an, was doch schon deshalb um so nöthiger gewesen wäre, als er vor zu starken Ladungen derselben warnt und ich dennoch vermuthen möchte, dass sie bei ihm vielfach grösser gewesen sind als die von mir angewandten; dann wählt er einen Schliessungsbogen aus so vielfach verschiedenen Theilen, dass an Feststellung eines Gesetzes, nach welchem die freie Spannung auf dem Schliessungsbogen abnimmt, gar nicht gedacht werden kann; endlich lässt er die kleinen Funken auf eine durchweg gehemmte Leitung schlagen, wodurch man, wie wir gesehen haben, ihre wahre Länge zu bestimmen gar nicht im Stande ist. Wenn jedoch, wie es scheint, nur das Gesetz festgestellt werden sollte, dass in einem speciellen Falle die Länge der überschlagenden Funken mit dem Quadrate der Batterieladung zunimmt, so konnte weder der Schliessungsbogen noch die Art des Experimentirens passender gewählt sein; hierzu konnten nur Funkenlängen von 0,1 bis 0,7 Linie bei gehemmter Leitung dienen und ein Schliessungsbogen, der an der untersuchten Stelle keine zu starke Spannung der Elektricität veranlasste. Hätte Herr Riess hinter der untersuchten Stelle in den Schliessungsbogen noch eine Länge von 20 bis 30′ eingeschaltet und Funken von 0,4 bis etwa 1,2 Linien Länge genommen, so würde er, ohne die Batterieladungen höher zu treiben als er sie zugelassen hat und selbst bei seiner Art die Intensität proportional zur Funkenlänge zu rechnen, sich leicht von der Ungültigkeit seines Gesetzes als eines allgemeinen überzeugt haben. — Was die Erklärung der Thatsache betrifft, so gestehe ich offen, mich in die Vorstellungsweise des Herrn Riess nicht finden zu können; er unterscheidet einen Hauptstrom, der die Erscheinung nicht veranlasst, der also wahrscheinlich ganz ohne Spannkraft nach den Seiten zu sein soll, und die Elektricität, welche die innere Belegung mehr hat als die äussere und somit auf dem Schliessungsbogen nicht ausgeglichen wird; diese soll durch Influenz (bei einer leitenden Verbindung?) auf den Ast die Seitenentladungen hervorbringen. Ich weiss nicht, soll dies die freie Elektricität im Innern der Batterie sein, die nach der Ladung vorhanden ist und die wir von der gebundenen trennen, die ausserdem noch die Batterie enthält? und sollen etwa die auf beiden Belegungen gebundenen Elektricitäten den Hauptstrom bilden, indem sie in diesem gebundenen Zustande durch den Schliessungsbogen wandern? oder sollen sie ohne Spannkraft sein, weil sie sich ausgleichen, was doch eben voraussetzt, dass sie noch nicht ausgeglichen sind? Indess die ganze freie Elektricität der Batterie in ihrem Innern bildet nicht den Ueberschuss, weil, wenn man sie nach isolirter Batterie entfernt, die äussere Belegung bereits einen Ueberschuss an negativer Elektricität enthält. Sollte aber Herr Riess diese zunächst nach der Ladung freie Elektricität unter dem Ueberschuss verstanden haben oder sollte er eine bestimmte Quantität, die auf der innern Belegung mehr ist als auf der äussern und die dann noch geringer wäre als jene, von der übrigen Elektricität absondern und von dieser, weil sie nach seiner Meinung allein als freie Elektricität durch den Schliessungsbogen hindurchgeht, die abspringenden Funken herleiten, so konnte er sich von dem

Werthe dieser Ansicht überzeugen, wenn er von einem Conductor, der an Quantität und Intensität gleich viel Elektricität enthielt als freie in seiner Batterie war, einen Funken über den Schliessungsbogen hätte schlagen lassen, er würde gefunden haben, dass die abspringenden Funken viel kürzer geworden wären. Ich liess von dem Conductor meiner Maschine, der zwar an Oberfläche nicht der innern Belegung der beiden Flaschenpaare (*A*) und (*C*) gleich kommt, der aber zweien Flaschen der ältern Art, die zu den Versuchen in §. 9 ebenfalls genügt hätten, nahe gleich gewesen wäre, bei der Anordnung des Schliessungsbogens in Fig. 2 einzelne Funken von einer Intensität = 37,5 über den Auslader springen; ich erhielt, wenn 4' *K* und der nasse Faden die Verbindung zum Funkenmesser bildeten, nur überschlagende Funken von 0,1 Linien Länge und wenn 4' *K* schlossen Funken von 0,2 Linien Länge, während sie früher (§. 9) eine Länge von 0,6 und 1,1 Linien Länge gehabt hatten; wurde die Maschine so schnell gedreht, dass ein ununterbrochener Funkenstrom über den Auslader ging, so stieg die Funkenlänge in den beiden Fällen auf 0,3 und 0,6 Linien. Es sind dies ähnliche Verhältnisse, als wenn man kleinere Batterieen angewandt hätte. Umgekehrt glaube ich mich nicht zu irren, wenn ich ohne Versuche darüber angestellt zu haben behaupte, dass ein Conductor, der ebenso viel Elektricität und von gleicher Intensität enthält als eine Batterie (freie und gebundene zusammengenommen) in ihrem Innern, an demselben Schliessungsbogen genau dieselben abspringenden Funkenlängen geben würde wie diese, vorausgesetzt dass das Ende des Schliessungsbogens, das bei der Batterie mit der Aussenseite in Verbindung stand, bei der Entladung vom Conductor unmittelbar mit dem feuchten gut leitenden Erdboden in Verbindung gesetzt würde. Ein Versuch mit einem solchen sehr grossen Conductor würde am schnellsten die Ansicht von einer Trennung der strömenden Elektricität in Hauptstrom und Ueberschuss beseitigen. — Ich verweise hier noch auf die von Gewitterstangen abspringenden Funkenschläge, die ebenfalls durch die freie Spannung bedingt werden.

III. Die Wärmeentwickelung auf dem einfachen Schliessungsbogen der Batterie.

§. 14. Wenn die Entladung einer Batterie durch einen einfachen Schliessungsbogen hindurchgeht, so erwärmt der elektrische Strom denselben, und es entsteht die Frage, in welcher Weise dies statt findet. Um die Erwärmung zu bestimmen, bedient man sich in der Regel des Luftthermometers. Die Einrichtung dieses Instruments kann als im Allgemeinen bekannt vorausgesetzt werden. Durch ein grösseres hohles Glasgefäss geht luftdicht ein feiner Draht (meistentheils Platindraht), der entweder selbst oder in stärkern mit ihm verbundenen Drähten heraustritt und so in den Schliessungsbogen eingefügt werden kann. Die durch den feinen Draht erwärmte und ausgedehnte Luft wirkt auf den in einer engern Glasröhre enthaltenen Spiritus, welcher je nach dem Grade der Erwärmung mehr oder weniger darin zurückgedrängt wird. Um diese Wirkung möglichst zu steigern, baucht man das Gefäss nach unten aus, schmilzt die nur wenig vom Gefäss abwärts geneigte engere Röhre daran (etwa 2′ lang und mindestens $\frac{3}{4}$ Linie weit) und fügt an ihr freies Ende ein nach oben gerichtetes offenes Gefäss von etwa 1 Zoll Durchmesser, das man noch durch eine lose aufgesetzte Hülle schützt. Der in das offene Gefäss gegossene Spiritus dringt in die Röhre ein und füllt sie, sich ins Gleichgewicht setzend, etwa bis zu $\frac{1}{2}$ oder $\frac{2}{3}$ ihrer Länge. Tritt nun die Erwärmung im Innern des grossen Glasgefässes ein, so wird die Spiritussäule schnell zurückgedrängt und steigt langsam mit der eintretenden Abkühlung auf den frühern Stand zurück. Da aber dieses Zurücktreten langsam geht und nach mehrfachen Beobachtungen auch nicht bis zur ursprünglichen Stelle erfolgt, so bringt man an dem grössern Gefäss noch ein kleines Loch an, das während der Beobachtung geschlossen bleibt und nachher so lange geöffnet wird, bis sich der Spiritus auf seinen Stand zurückbegeben hat und nach erneuertem Schluss nicht weiter in die Höhe steigt. Unmittelbar unter der wenig geneigten Röhre befindet sich eine Scale, die gewöhnlich in Linien getheilt ist und an welcher man die Grade der Erwärmung abliest. Für den Gebrauch dieses Instruments habe ich Folgendes zu bemerken. Vor allen Dingen sorge man dafür, dass die Fassungen, welche zur Durchleitung des Drahts an das grössere Gefäss gekittet werden und ebenso alle an diesen Fassungen befindliche Fugen vollkommen luftdicht schliessen; es genügt nicht, dass man bei einer Prüfung die Theile nur einer genauen Durchsicht unterwirft, denn ich selbst habe einmal alle Fugen weithin mit heissem Wachs überstrichen und dennoch keinen luftdichten Verschluss erlangen können, sondern man halte die warme Hand gegen das Gefäss; ist es luftdicht, so wird der Spiritus nicht nur in der Röhre sinken, sondern es werden auch continuirlich Luftblasen aus ihr durch den Spiritusbehälter aufsteigen; ist es dagegen weniger luftdicht, so sinkt zwar der Spiritus ebenfalls hinunter, steigt aber mehr oder weniger wieder in die Höhe. Das Luftloch bildet man am besten aus einer kleinen hohlen Messingröhre, die durch eine der beiden Seitenfassungen nach oben geht; man legt darauf eine unten mit Leder oder Kautschuck überkleidete Messingplatte, die ähnlich wie an einer Flöte mittelst eines Hebels darauf gedrückt und aufgehoben werden kann; ein am Hebel mit einem Ende befestigter Draht wird mit dem andern Ende am Gestell des Instruments so angehäkelt, dass er das Loch offen hält, dagegen die Klappe zugehen lässt, wenn man ihn auslöst. Etwas Oel auf das Leder oder Kautschuck gestrichen sichert einen vollkommnen luftdichten Verschluss. Ferner lasse man die Röhre nicht so in den Spiritusbehälter eingehen, dass sie am Ende erst nach oben gebogen und der Behälter auf den senkrechten Theil geschmolzen ist; dies so in der Röhre gebildete Knie erschwert die Beweglichkeit des Spiritus ungemein; man lasse vielmehr die Röhre etwas ausgebaucht unten an der Seite in den Behälter einmünden, so dass er schon etwas Spiritus fasst, ehe dieser in die Röhre eintritt. Der leichtern Beweglichkeit wegen muss auch der Spiritus rein und mit keinem Zusatze gefärbt sein. Endlich erwähne ich noch, dass man bei windigem Wetter, wo der Luftdruck fortwährend schwankt, keine Beobachtungen mit dem Instrumente anstellen darf, da jetzt, wenn man die Klappe geschlossen hält, der Spiritus stossweise mehrere Grade steigt und sinkt, und diese Veränderungen im Stande den beobachteten Zahlen fehlen oder zu ihnen hinzukommen würden. Selbst die am dichtesten verschlossenen Zimmer heben dieses Schaukeln des Spiritus nicht auf; sollte man es bei stossweise windigem Wetter nach geschlossener Klappe am Insturmente nicht finden, so kann man sicher sein, dass das grosse Gefäss nicht vollkommen luftdicht verschlossen ist. Als besondere Vorsichtsmassregeln beim Beobachten dürfte noch beigefügt werden, dass man zwischen sich und das grössere Gefäss zweckmässig eine Pappscheibe anbringt, damit die vom Gesicht ausgehende Wärme nicht störe, und dass man senkrecht durch die Röhre auf die Scale sehe, um Irrthümer aus der Strahlenbrechung zu vermeiden. — Zu verschiedenen Messungen muss das Luftthermomter zwei verschiedene Einrichtungen haben. Will man die Wärmeentwicklung auf ungleichen Drähten bestimmen, so muss man den im Instrumente befindlichen feinen Draht durch andere ersetzen können. Hierzu ist die von Herrn Riess empfohlene Einrichtung am bekanntesten; er gebraucht als den Draht umschliessendes Gefäss eine mässig grosse Glaskugel, die nach beiden Seiten in Hälse ausgezogen ist; auf dieser sind derartige Fassungen befestigt, dass man darin an beiden Enden mit Klemmen versehene Verbindungsdrähte noch einlassen und luftdicht einschrauben kann, nachdem man aussen die beiden innern Klemmen zuvor durch den feinen meist in einer Spirale gewundenen Draht verbunden hat; die beiden andern nach aussen hervorragenden Klemmen dienen zur Einschaltung des Instruments in den Schliessungsbogen. Dies Thermometer kann im einfachen Schliessungsbogen überhaupt angewendet, nicht aber bei Messungen in Zweigen gebraucht werden, wo der feine Draht gradlinig und ohne alle Verbindungsstücke eingeschaltet werden muss, damit er durch einen gleich langen und ebenfalls gestreckten Draht ersetzt werden könne. Mein zunächst für diesen Zweck construirtes neuestes Luftthermometer enthält als Behälter für den feinen Draht einen 8 Zoll langen 4 Zoll weiten Glascylinder, der an beiden Seiten noch ausserdem zu $1\frac{1}{2}$ Zoll langen $1\frac{1}{4}$ Zoll weiten Hälsen zusammengezogen ist. Die Schlussplatten der auf die Hälse geschobenen Fassungen sind nur mit 3 Linien weiten Löchern durchbohrt, die wieder mit starken Schraubenköpfen luftdicht verschlossen werden, und durch diese gehen fest eingekittet nach innen wenig, nach aussen mehr hervorstehende Thermometerröhrchen. Nach entfernten Schraubenköpfen wird durch den horizontal liegenden Cylinder der feine Draht gezogen; die hervorragenden Enden desselben steckt man durch die Oeffnungen der Thermometerröhrchen, schraubt die Schraubenköpfe fest, spannt den Draht an, und schmilzt ihn mittelst einer untergehaltenen Lampe mit etwas Schellack in den Röhren fest ein; die aus dem Instrumente noch horvortretenden Enden des Drahtes tauchen in isolirte Quecksilbernäpfe, in welche der Schliessungsdraht gleichfalls gesteckt wird. Das in den Schliessungsbogen gefügte Thermometer vertritt bei dieser Construction genau einen gleichen Draht, der ebenfalls gradlinig ausgespannt ist. Der Draht meines Instruments ist ein Platindraht von 0,081 Linien Durchmesser und 16,8 Zoll Länge. Eine Abbildung und ausführlichere Beschreibung dieses Instruments findet man in den Sitzungsberichten der Wiener Acad. vom J. 1849 (genauer kann ich den Ort der Abhandlung nicht citiren, da dem Separatabdruck der specielle Nachweis fehlt). Für alle Beobachtungen im einfachen Schliessungsbogen ist dies Thermometer gleichfalls brauchbar, nur zur Bestimmung der Wärmeentwicklung in verschiedenen Drähten müsste es eine Aenderung in der Construction erleiden.

§. 15. Von dem Werth des Luftthermometers als Messapparat überzeugt man sich zunächst auf folgende Weise. Man verbindet eine Batterie mit einem beliebigen Schliessungsbogen, der vorn durch einen Auslader unterbrochen ist, und schaltet das Instrument ein; nachdem man dann die Kugeln des Ausladers in eine solche Distanz von einander gestellt hat, dass das Instrument eine Erwärmung von etwa 16 bis 18 Grad (Linien) anzeigt (über eine Erwärmung von 20 Grad gehe ich wenigstens bei meinem Thermometer nicht gern hinaus), so lässt man die Batterie sich mehrere Male hinter einander entladen, natürlich in den nöthigen Intervallen, und sieht zu ob das Thermometer jedesmal dieselbe Erwärmung angiebt. Ist die Luft vollkommen ruhig, so kann ich mich bei meinem Instrumente darauf verlassen, dass die einzelnen Angaben bei einer Erwärmung von ungefähr 16 Grad nicht um $\frac{1}{4}$ Grad nach der einen oder der andern Seite hinausgehen. Nur bisweilen kommt ein Schlag der Batterie vor, der eine um einige Grade zu niedrige Erwärmung liefert, doch meistentheils nur wenn die Intensität der Batterieladung gross ist, weshalb man solche Ladungen, auch wo sie wegen vermehrten Widerstandes im Schliessungsbogen das Thermometer weniger afficiren, der Sicherheit wegen vermeiden muss; man hört den verfehlten Schlag in der Regel an dem dumpfern, lautern Ton, den die zersprengte Luft verursacht. Ebenso fällt gewöhnlich die erste Beobachtung, die man nach einer längern Pause anstellt, um etwas ($\frac{1}{4}$ bis $\frac{1}{2}$ Grad) zu gross aus; ich glaube der Grund liegt in den Kugeln des Ausladers, die durch die Entladungen der Batterie etwas erwärmt werden und dadurch den Uebergang der Ladung bei etwas geringerer Intensität veranlassen, als sie sein würde, wenn die Kugeln sich nach jeder Beobachtung längere Zeit abkühlen könnten. Man lasse deshalb vor den eigentlichen Beobachtungen die Batterie sich schon einmal über den Schliessungsbogen entladen. — Eine andere Frage ist es, ob es zweckmässiger ist, die Batterie über feststehende Kugeln des Ausladers zu entladen oder nach der mit der Laneschen Flasche jedesmal abgezählten Ladung durch ein Schlag- oder Fallwerk. Steht es bei dieser Frage zwar fest, dass man aus der bekannten Distanz der Kugeln des Ausladers die Batterieladung ebenso genau kennt, als nach Abzählung an der Massflasche, da man bei der vorangegangenen Bestimmung der Schlagweite einer Batterie ihre jedesmalige Ladung nach einer Laneschen Flasche kennen gelernt hat, so scheint doch ein Hauptunterschied beider Verfahrungsarten darin zu liegen, dass das

Schlagwerk die ganze Ladung der Batterie durch den Schliessungsbogen strömen lässt, während der Auslader nur einen Theil derselben ableitet, indem das Residuum in der Batterie zurückbleibt. Allein dieser Hauptunterschied fällt sogleich fort, wenn man den Hergang der Entladung mittelst eines Schlagwerks genauer betrachtet. Sowie die fallende Kugel des Schlagwerks in diejenige Entfernung von der feststehenden Kugel gelangt, welche die Schlagweite der Batterie bildet, geht die Entladung nach zersprengter Luftschicht über, und da die Zeitdauer der Entladung nur unendlich klein ist oder momentan gegen die Zeitdauer, in welcher die fallende Kugel aus der Distanz der Schlagweite bis zu der Distanz der Schlagweite des Residuums gelangt, so liefert das Schlagwerk zwei von einander getrennte Ströme, den Strom der Hauptentladung und den des Residuums, die auch als solche auf das Thermometer wirken. Wie wir gleich sehen werden, steht die Wärmeentwickelung bei constanter Batterie zur Intensität der Ladung im quadratischen Verhältniss; beträgt also das Residuum $\frac{1}{8}$ der Ladung, so verhält sich die hierdurch erzeugte Wärme zur Wärme der ganzen Ladung wie 1 : 64, und die Batterie giebt ohne Residuum eine Wärme = 64, mit Residuum eine Wärme = 65; dies wäre bei Thermometerangaben von 16 Grad nur eine Differenz von $\frac{1}{4}$ Grad. Aber auch diese Differenz wird wieder bei weitem durch die Ungenauigkeiten übertroffen, die der Gebrauch eines Schlagwerks mit sich bringt. Dadurch dass man jedesmal die Ladung nach der Massflasche abzählt, kommt eine Unsicherheit in die Stärke der Ladung theils dadurch, dass die Massflasche etwas ungleich schlägt, theils dadurch, dass Verluste an der Ladung stattfinden, die die Massflasche nicht anrechnet. Zum Beweise dieser Behauptung führe ich an, dass während mir der Auslader nach der obigen Mittheilung stets bis auf $\frac{1}{4}$ Grad sichere Zahlen liefert, ich beim Gebrauch eines Schlagwerks Abweichungen bis selbst über einen Grad auch bei der grössten Sorgfalt nicht habe vermeiden können. Vielleicht liegt ein Grund dieser grösseren Differenzen noch in dem Umstande, dass die fallende Kugel die Luft vor sich verdichtet und, weil dies wohl kaum auf gleichmässige Weise geschieht, bald in kleinern bald in grössern Distanzen die erste Hauptentladung vermittelt, die dadurch selbst an Kraft ungleich wird. Dass übrigens bei einem Schlagwerke kein bemerkbarer Unterschied in den Thermometerangaben hervortritt, wenn man nur die Hauptentladung zulässt oder diese und die Entladung des Residuums zugleich, davon kann man sich leicht überzeugen, wenn man die Kugel einmal völlig herunterfallen lässt und zweitens nur bis in die Nähe der fest stehenden, so dass zwar die Hauptentladung erfolgt, das Residuum aber in der Batterie zurückbleibt. Die Angaben werden völlig übereinstimmen und nur in beiden Abtheilungen auf dieselbe Weise zwischen Grenzen von 1 Grad schwanken. Wollte man gegen den Gebrauch des Ausladers noch den Umstand geltend machen, dass er zu verschiedenen Zeiten dadurch zu ungleichen Resultaten führt, dass die Batterie bei gleicher Distanz der Kugeln an Tagen, wo das Barometer niedriger steht oder die Luft verdünnter ist, sich schon bei geringerer Intensität entladet als an Tagen mit stärkerem Luftdruck, so ist dagegen zu bemerken, dass dieselbe Ungleichheit ebenso stark beim Abzählen der Ladung nach der Laneschen Massflasche vorkommt, weil auch diese bei unverändertem Stande ihrer Kugeln kleinere Einheiten an Tagen niedrigern Luftdrucks und umgekehrt grössere bei dichterer Luft liefert. Nach allen meinen Erfahrungen wünschte ich bei genauern Untersuchungen das Schlagwerk beseitigt zu sehen; die Mühe, welche man auf ein Abzählen der jedesmaligen Ladung nach der Laneschen Flasche verwendet, scheint zwar eine grosse Sorgfalt des Experimentators zu verbürgen, in der That kommt aber dadurch nur Ungenauigkeit in die Angaben und es entsteht die Ansicht, als ob die elektrischen Versuche nie scharfe Resultate lieferten, wogegen doch die Entladung zwischen fest stehenden Kugeln in vielen Fällen zeigt, wie wunderbar gleichmässig der elektrische Strom durch den Schliessungsbogen verläuft, gleichmässiger als dass schon um dieses einen Umstandes willen die hergebrachten Ansichten vom Wesen der Elektricität bestehen könnten. — Bei einer genauen Prüfung des Luftthermometers wird man noch wahrnehmen, dass bei constantem Strome und übrigens unveränderten Verhältnissen die Zahlen grösser ausfallen, wenn die Spiritussäule in der Röhre kurz, und kleiner, wenn sie lang ist. Der Grund liegt in der vermehrten Reibung, die bei der Bewegung einer längern Säule hervortritt; auch glaube ich bemerkt zu haben, dass an kältern Tagen die Zahlen etwas kleiner bleiben als an heissen, weil mit der Erwärmung sich die Beweglichkeit des Spiritus ändert. Da man wohl schwerlich aus den Angaben des Luftthermometers auf die wahre Erwärmung des darin ausgespannten Drahtes zurückschliessen kann, so haben diese Umstände auf die Versuche so lange keinen Einfluss, als man in zusammengehörigen Reihen eine stets gleich lange Spiritussäule anwendet und an Tagen experimentirt, deren Wärme nicht bedeutend variirt; in einem Zimmer, dessen Temperatur sich schnell ändert, kann man ohnedies keine Versuche anstellen, weil man den Spiritus im Thermometer nach geschlossener Klappe nicht zum Stillstand bringen kann. — Der letzte Hauptpunkt der Prüfung unsers Instruments, ob nämlich die Angaben desselben zur Wärmeentwickelung proportional sind, lässt sich zunächst nicht erledigen; die Resultate, welche man aus den Versuchen unter dieser Annahme zieht, können allein eine Entscheidung bringen, da die Resultate dieselben bleiben müssen, ob man sie aus kleinern oder aus grössern Zahlen, die mit einander zusammengestellt werden, herleitet. Für jetzt möge man also diesen Punkt als erledigt und zwar, wie es ist, als zu Gunsten der Proportionalität entschieden ansehen.

§. 16. Wir gehen sofort zu den einzelnen Untersuchungen über. Lässt man die Batterie und ihre Ladung unverändert, fügt aber in den vorhandenen (constanten) Schliessungsbogen andere Drähte ein, so werden die Angaben des Thermometers verringert, woraus man, da derselbe Strom bleibt, auf eine Verzögerung desselben oder auf eine Verminderung seiner Lebhaftigkeit in der Bewegung schliessen muss. Man legt, um diese Thatsache zu bezeichnen, jedem Drahte einen bestimmten Widerstand bei, welchen er dem elektrischen Strom entgegensetzt. Bezeichnet man daher die Erwärmung oder vielmehr die durch das Thermometer angegebene Zahl, als die Batterie nur mit dem constanten Schliessungsbogen verbunden war, mit ϑ, die kleinere Zahl nach dem eingefügten neuen Drahte mit ϑ', den Widerstand der constanten Leitung mit W, den des hinzugekommenen Draths mit w, endlich die Wärmeangabe, die das Thermometer bei einem Schliessungsbogen geliefert hätte, dessen Widerstand der Einheit gleich ist, mit C, so setzt man

$$\vartheta = \frac{C}{W} \quad (1)$$

und

$$\vartheta' = \frac{C}{W + w} \quad (2),$$

indem man voraussetzt, dass die Erwärmung proportional zum Widerstand des Schliessungsbogens abnimmt. Mittelst dieser Formeln kann man w berechnen; man erhält $\frac{w}{W} = \frac{\vartheta - \vartheta'}{\vartheta'}$, worin w durch W bestimmt ist; nimmt man $W = 1$ an, was erlaubt ist, so lange man nur die relativen Widerstände der Drähte bestimmen will, so ist einfacher $w = \frac{\vartheta - \vartheta'}{\vartheta'}$. Um die Widerstände verschiedener Drähte kennen zu lernen, wird man zunächst von demselben Drahte verschiedene Längen, dann Drähte von gleichem Stoff mit verschiedenem Querschnitt, endlich Drähte von verschiedenem Stoff in den constanten Schliessungsbogen einfügen und ihre Widerstände nach der Formel berechnen. Hr. Riess hat diese Untersuchung zuerst durchgeführt und als Resultat gefunden, dass der Widerstand proportional zur Länge des Drahts, umgekehrt proportional zum Querschnitt und variabel nach dem Stoff ist, aus welchem der Draht besteht, dass Kupfer, Silber, Gold am besten, Messing weniger, Eisen, Platin und Neusilber noch weniger leiten. Da dieses Resultat mit den Gesetzen der Leitungsfähigkeit der Drähte für den galvanischen Strom übereinstimmt, auch die Widerstände der Drähte aus verschiedenem Stoffe beim elektrischen Strom in demselben Verhältniss zu einander stehen wie beim galvanischen, so ist einestheils die Richtigkeit der zum Grunde gelegten Formel nicht zu bezweifeln, andernseits schon hierdurch die Annahme bestätigt, dass die Thermometerangaben sich proportional zur Wärmeentwicklung stellen. Ich habe vielfach Gelegenheit gehabt mich von der Gültigkeit der Formel zu überzeugen, nur bin ich in neuester Zeit auf einen Punkt gestossen, in welchem ich mit Hrn. Riess nicht übereinkomme. Es betrifft den Widerstand des Eisendrahts. Nach den Angaben des Hrn. Riess folgt auch der Eisendraht dem angegebenen Gesetze und sein Widerstand als Eisen ist derselbe wie im galvanischen Strome; meine Versuche (Sitzungsber. der Wiener Academie Bd. X. Märzh. 1853) zeigen mir dagegen, dass der Widerstand des Eisendrahts nahe umgekehrt proportional zum Durchmesser ist und dass er den elektrischen Strom viel stärker hemmt als den galvanischen, was besonders augenfällig hervortritt, wenn man beide Arten von Strömen durch dickere Drähte hindurch lässt. Ob der gewöhnliche Kupferdraht, der meist eisenhaltig ist, auch eine wenn auch nicht so bedeutende Ausnahme bildet, vermag ich noch nicht mit Sicherheit anzugeben, da ich Versuche mit recht langen Drähten, die zur Entscheidung angewandt werden müssten, noch nicht angestellt habe; doch möchte ich auch hier eine derartige Abweichung von dem Gesetze vermuthen. Die Erklärung der Thatsache ist schwierig; ich glaube, dass der elektrische Strom das Eisen, das ohnedies so viele Anomalieen darbietet, nicht völlig durchdringt, sondern nur mehr oder weniger tief an seiner Oberfläche hingleitet.

§. 17. Wenn hierauf der Schliessungsbogen unverändert bleibt, die Batterie dagegen verändert wird, so ändern sich auch die Anzeigen des Thermometers. Vermehrt man zunächst die Zahl der gleichen Flaschen in der Batterie, die stets bis zu derselben Intensität geladen wird, so wächst die Erwärmung mit der Zahl der Flaschen oder was dasselbe ist mit der Grösse der belegten Fläche. Da ich gleiche Flaschen gesagt habe, so setze ich voraus, dass die Flaschen soweit als möglich von gleicher Form und gleicher Glasstärke sind, und dass man sich von der wenigstens nahen Gleichheit nach der §. 3. angegebenen Prüfungsweise überzeugt habe. Ich will überhaupt den Gang der Untersuchung hier nicht durch Herbeiziehung von Flaschen mit ungleicher Glastärke unterbrechen, um nur kurz alle Thatsachen zusammen zu stellen, die Hr. Riess zuerst ermittelt hat. Steigert man also, um weiter zu gehen, die Ladung der constanten Batterie, so wächst die Erwärmung im Ganzen (nach Hrn. Riess streng) im Quadrate der Ladung oder Intensität. Indem nun Hr. Riess die Ladung nach der Zahl (q) der Laneschen Ueberschläge angiebt und die belegte Fläche mit s bezeichnet, so stellt er als allgemein gültige Formel für die Entwicklung der Wärme (ϑ) in einem einfachen Schliessungsbogen, dessen Widerstand W ist, die Formel auf:

$$\vartheta = a \frac{q^2}{s\,W} \quad (3)$$

worin a eine Constante bezeichnet, die von der Construction des Thermometers, von dem in ihm ausgespannten Draht und endlich von den für q und s zum Grunde gelegten Einheiten abhängt. Diese Formel drückt die Beobachtungen richtig aus; denn bleibt die Batterie oder s constant, so steigt ϑ mit q^2; vermehrt man dagegen die Flaschenzahl oder s, so gebraucht man, um dieselbe Intensität der Ladung zu erreichen, eine zu s proportionale Quantität der Elektricität oder die Zahl der Laneschen Ueberschläge wächst in demselben Verhältniss wie s; setzt man also das beobachtete q ein und quadrirt es der Formel entsprechend, so muss man, um den Beobachtungen zu genügen, wieder mit s dividiren. — Noch ein anderes wichtiges Resultat hat Hr. Riess durch seine Untersuchungen gewonnen. Als er die Wärmeentwicklung auf verschiedenen Theilen (Drähten) desselben Schliessungsbogens bei constanter Ladung der unveränderten Batterie ermittelte, wobei er die verschiedenen Drähte nach und nach mit seinem Thermometer umschloss, fand er den auch bei galvanischen Strömen bestätigten Satz, dass die Wärmeentwicklung auf jedem Drahte seinem Widerstande proportional ist. Bestimmt man somit die durch die Entladung überhaupt entwickelte Wärme Θ, so wird man ϑ in (3) mit einer zu W proportionalen Grösse multipliciren müssen und erhält Θ proportional zu $\frac{q^2}{s}$. Wie sehr man also auch den Schliessungsbogen verändert, stets erzeugt die Entladung derselben gleich stark geladenen Batterie dasselbe unveränderte Wärmequantum. Dieser wichtige Satz, dessen Gültigkeit, wie wir später sehen werden, auch nicht durch eine Verzweigung des Schliessungsbogens oder durch gleichzeitiges Auftreten des Nebenstroms oder durch die gleichzeitige Wirkung der Nebenbatterie aufgehoben wird, kann zu dem Schlusse Veranlassung geben, dass der Krafteffect der Batterie in der entwickelten Wärme zu suchen sei, dann wäre eine Basis gewonnen, von wo aus man auf die Bewegungsweise und somit auf das Wesen der Elektricität zurückschliessen könnte; ich trage indess Bedenken, diesen Rückschlüssen zuviel Gewicht beizulegen. Ist nämlich die entwickelte Wärme der reine Effect, so muss er der mechanischen Arbeit entsprechen, welche man beim Drehen der Maschine auf die Ladung verwandt hat. Man ladet aber zwei Batterieen, von denen die eine doppelt so viele Flaschen enthält als die andere, vorausgesetzt dass man die Intensität der Ladung nicht übermässig steigert und dass die Maschine kräftig wirkt, mit derselben Kraftanstrengung und nahe in derselben Zeit soweit, dass die Batterie mit der halben Flaschenzahl zu der zwiefachen Intensität gelangt als die andere, und hierauf entwickelt jene doppelt so viele Wärme als diese. Man steigert demnach den Effect bei gleicher mechanischer Arbeit durch Anwendung kleinerer Batterieen; ein für die angebahnte Theorie, wie es mir scheint, misslicher Umstand.

§. 18. Die Untersuchungen des Hrn. Riess haben sich auf die Verwendung gleicher Flaschen beschränkt und somit stellen sich beim Gebrauch seiner Formel Schwierigkeiten heraus, so wie man in die Batterie Flaschen von ungleicher Form und ungleicher Glasstärke hineinzieht. Es lässt sich zwar q nach derselben Weise wie bisher bei der Ladung solcher Batterieen angeben, allein wollte man es und für s die belegte Fläche einsetzen, so würde man einen oft sehr beträchtlichen Fehler begehen. Nach Beobachtungen, die ich weiter unten anführen werde, liefern bis auf eine kleine Correction Flaschen von gleicher Kraft (s. §. 2.) unter sonst gleichen Verhältnissen ein gleiches Wärmequantum, und da ferner bei gleichen Flaschen die Kraft mit der Zahl der Flaschen wächst, so wird man die Formel des Hrn. Riess, wenn sie alle Batterieen umfassen soll, in

$$\vartheta = \frac{a J^2 k}{W} \quad (4)$$

umschreiben müssen, worin J die Intensität der Batterieladung und k die Kraft der Batterie bezeichnet. Bei gleichen Flaschen ist J proportional zu $\frac{q}{s}$ und k proportional zu s, somit geht für diesen speciellen Fall die Formel (4) in die Formel (3) wieder über. Diese Umgestaltung hat aber noch in einer andern Beziehung eine besondere Wichtigkeit. Da wir nämlich bei den folgenden Untersuchungen mehrfach auf die Stromstärke zurückgehen müssen, und die Wärmeentwicklung mit dem Quadrate der Stromstärke proportional ist, so müssen wir die Formel in einen quadratischen Theil, der im einfachen Verhältniss die Stromstärke bezeichnet, und in einen für die sämmtlichen zugleich auftretenden Ströme constanten Theil zerlegen können. Die Riess'sche Formel würde hiernach für die Stromstärke q und für den constanten Factor $\frac{1}{s W}$ geben, allein weder wird die Stromstärke durch q allein, d. h. durch die durch einen Draht strömende Elektricität ausgedrückt, noch vermag man dem Factor $\frac{1}{s W}$ eine irgendwie annehmbare Bedeutung beizulegen. Gehen wir dagegen auf den galvanischen Strom und seine Wärmeentwickelung zurück, bezeichnen die Stromstärke mit i und die Zeitdauer des Stroms mit t, so ist die entwickelte Wärme ϑ proportional zu $i^2 t$. Die Stromstärke i ist wieder proportional zur elektromotorischen Kraft e und umgekehrt proportional zu W dem Widerstande der ganzen Kette, demnach ist ϑ auch proportional zu $\left(\frac{e}{W}\right)^2 t$; endlich ist nach den darüber angestellten Untersuchungen e proportional zur Intensität J der freien Spannung, welche das galvanische Element erlangt, folglich erhalten wir ϑ proportional zu $\left(\frac{J}{W}\right)^2 t$. Stellen wir mit diesem Ausdruck die Formel (4) zusammen, so werden wir sie in

$$\vartheta = \alpha \left(\frac{J}{W}\right)^2 Wk \quad (5)$$

umformen, worin dann $\frac{J}{W}$ die Stromstärke und Wk die Zeitdauer der Entladung ausdrückt. Es frägt sich nur noch nach den Consequenzen, welche die Gleichstellung des Faktors Wk mit der Zeitdauer t herbeiführt. Zuerst ist es wohl unbedenklich, dass t proportional zu W wächst, denn denken wir uns den Widerstand nicht als einen solchen, der durch Reibung die Bewegung der Elektricität hemmt, welche Vorstellung die Elektricität nothwendig zu etwas Materiellem herabsetzen würde, sondern sehen wir in dem Widerstand ein Widerstreben der Theilchen, sich der zur Ausgleichung der elektrischen Spannung erforderlichen Anordnung (Kette) zu fügen, also eine Kraft der Theilchen, welche die Ausgleichung verzögert, wie auch schon Hr. Riess den Namen Widerstand mit Verzögerungskraft vertauscht hat, so ist die Abhängigkeit der Zeitdauer, in welcher sich die Batterie entladet, von dem Widerstande des Schliessungsbogens erklärlich. Nicht grössere Schwierigkeiten bietet der Zusammenhang der Kraft k einer Batterie mit der Zeitdauer der Entladung dar. Braucht man zum Füllen ungleicher Batterieen bis zu gleicher Intensität eine ihrer Kraft proportionale Zeit, so muss auch umgekehrt, da bei gleicher Intensität der Impuls zum Ausströmen sich gleich bleibt, die Zeitdauer der Entladung der Kraft proportional sein. Am bedenklichsten erscheint es dagegen, dass t von der Intensität der Batterieladung unabhängig sein soll. Stellt man sich nämlich den Hergang bei der Entladung so vor, dass durch allmähliges Abströmen der Elektricität die Ladung und damit die Intensität nach und nach heruntersinkt, so mache eine constante Batterie z. B. vier Stadien durch, im ersten sinke die

Intensität von 1 auf $\frac{3}{4}$, im zweiten von $\frac{3}{4}$ auf $\frac{1}{2}$, im dritten von $\frac{1}{2}$ auf $\frac{1}{4}$ und im letzten von $\frac{1}{4}$ auf 0 herab (das Residuum mag unbeachtet bleiben); um jedes dieser Stadien zu durchlaufen ist aber Zeit erforderlich; wäre demnach die Batterie nur auf $\frac{1}{4}$ Intensität geladen, so wäre die Entladungsdauer t', sie stiege, wenn man die Intensität auf $\frac{1}{2}$ erhebt, auf $t' + t''$ nämlich auf die Zeitdauer, die zum Durchlaufen des vierten und des dritten Stadiums erforderlich ist, endlich auf $t' + t'' + t''' + t''''$, wenn die Batterie die ganze vorher angegebene Ladung aufnimmt. Allein diese Vorstellung würde doch nur gültig sein, wenn die Elektricität eine Materie ist, die dem Wasser oder der Luft ähnlich durch den Schliessungsbogen abfliesst; besteht dagegen das, was wir Ladung nennen, in einer weniger oder mehr gesteigerten Spannung der die beiden Elektricitäten trennenden Glasschicht, so haben wir bei constanter Batterie den Fall einer Saite oder eines elastischen Stabes, der mehr oder weniger nach der Seite abgebogen und dadurch gespannt werden kann, und doch in derselben Zeitdauer in seine ursprüngliche Lage zurückspringt. Bei dieser Ansicht, die übrigens keineswegs eine vollkommene Gleichstellung beider Facta ausdrücken soll, bleibt die Entladungsdauer bei constanter Batterie unabhängig von der Intensität, auf die man die Ladung erhebt. Mit dieser eben ausgesprochenen Ansicht ist immer noch die Vorstellung vereinbar, die ich im vorigen Abschnitte angeführt habe, dass die Intensität der Batterie während der Entladung nach und nach sinkt.

§. 19. Schon oben habe ich bemerkt, dass die Wärmeentwicklung nur im Allgemeinen zum Quadrat der Intensität der Batterieladung proportional ist; man findet, wenn man genauer untersucht, dass sie etwas zurückbleibt und dass dieses Zurückbleiben aus einem mit steigender Intensität vermehrten Widerstande der Leitung entsteht. Als ich bei meinen Untersuchungen über den Nebenstrom (Pogg. Ann. Bd. 64 p. 64) zuerst wahrnahm, dass der Widerstand desselben Drahtes in demselben Schliessungsbogen nicht constant blieb, sondern bei stärkern Ladungen etwas geringer ausfiel, glaubte ich diesen Umstand aus fehlerhaften Angaben des Luftthermometers herleiten zu müssen und normirte danach das Instrument. Als sich mir später diese Annahme als irrig auswies, verlegte ich einen constanten Widerstand in die Batterie (so in der Abhandl. Wiener Sitzungsber. 1849); allein auch diese Auskunft konnte mir nicht lange genügen. Als ich daher später (Pogg. Ann. Bd. 78 p. 42) die sämmtlichen Verhältnisse näher betrachtete, gelangte ich zu dem Resultate, dass beim Uebergang durch die Luftschicht zwischen den Kugeln des Ausladers ein besonderrr Widerstand hervortrete, der mit dem Quadrate der Intensität der Batterieladung wachse. Ich bestimmte mit meinen ältern Flaschen diesen Widerstand genau und verglich ihn mit dem Widerstand eines seiner Dicke nach bekannten Platindrahts. Meine neuesten Untersuchungen mit der Nebenbatterie haben eine neue Modification herbeigeführt, indem sie mir deutlich zeigten, dass zwar der beobachtete Widerstand wirklich vorhanden ist und auch im Quadrat der Batterieladung wächst, dass aber dieser Widerstand nicht in der durchbrochenen Luft sondern in der Batterie selbst liegt, und überdies in einen geringfügigen constanten Theil und in einen mit dem Quadrat der Ladung wachsenden zerfällt; auch ergab sich noch, dass dieser Widerstand bei verschiedenen Flaschen verschieden ist, grösser bei denen von schwächerem, kleiner bei denen von stärkerem Glase. Um mich zuvörderst auch mit dem Luftthermometer davon zu überzeugen, dass ich den fraglichen Widerstand an eine falsche Stelle verlegt hatte, schaltete ich in den Schliessungsbogen einen zweiten Auslader ein; als die Batterie entladen wurde einmal bei Berührung der Kugeln des zweiten Ausladers, das andere Mal bei einer solchen Distanz derselben, dass die Entladung unbehindert mit einem überspringenden Funken erfolgte, zeigte das Instrument in beiden Fällen die gleiche Wärmeentwicklung, so dass ich hierdurch völlig überzeugt wurde, dass mit dem Zersprengen der Luftschicht kein besonderer Widerstand verbunden ist. Ich machte hierauf mit $F_2 + F_4$ als Batterie, also mit zwei ältern Flaschen, zwei ähnliche Versuchsreihen wie in der citirten Abhandlung durch, indem der Schliessungsdraht derselbe war wie der frühere und in der zweiten Abtheilung ebenfalls durch einen Platindraht *P* verlängert wurde; auch hatte ich diesmal den Schliessungsbogen fest mit der innern Belegung verbunden, um alle aus einer losen Verbindung etwa entstandenen Fehler zu beseitigen; dieselben Reihen wiederholte ich mit den Flaschenpaaren (*A*) + (*B*) und (*B*) + (*C*), damit ersichtlich würde, ob diese Flaschen von stärkerm Glase einen geringern Widerstand lieferten. Die Versuche ergaben:

1ste Abtheilung; Schliessungsbogen ohne *P*.

Lad. d. Batt.	Batt. $F_2 + F_4$.			Batt. (*A*) + (*B*).			Batt. (*B*) + (*C*).		
J	ϑ		Mittel.	ϑ		Mittel.	ϑ		Mittel.
17,25	3,9	4,0	3,9	3,2	3,0	3,1	3,0	3,0	3,0
21,25	5,5	5,5	5,5	4,7	4,5	4,6	4,5	4,5	4,5
25,25	7,2	7,5	7,4	6,9	6,9	6,9	6,9	6,5	6,7
33,25	11,0	12,0	11,5	10,9	10,6	10,7	10,6	10,6	10,6
41,25	16,0	16,0	16,0	15,6	15,6	15,6	15,4	15,1	15,2
49,25	20,5	20,6	20,5	20,4	20,8	20,6	20,1	19,9	20,0
57,25	25,2	25,0	25,1	25,7	25,9	25,8	25,1	25,2	25,2

2te Abtheilung; Schliessungsbogen mit *P*.

Lad. d. Batt	Batt. $F_2 + F_4$.			Batt. (*A*) + (*B*).		
J	ϑ		Mittel.	ϑ		Mittel.
25,25	4,9	4,7	4,8	4,2	4,0	4,1
33,25	7,5	7,5	7,5	7,0	6,7	6,8
41,25	10,5	10,2	10,4	9,9	9,9	9,9
49,25	13,9	13,5	13,7	13,4	13,2	13,3
57,25	16,6	16,6	16,6	16,4	16,5	16,4
65,25	19,7	20,0	19,8	19,7	19,6	19,7
73,25	23,0	23,1	23,1	23,9	23,9	23,9

Von diesen Versuchen stimmen zuvörderst die mit der Batterie $F_2 + F_4$ wiederholten fast genau mit den früher mitgetheilten überein, so dass die losere Verbindung des Schliessungsbogens mit der innern Belegung bei der Wärmeentwicklung ohne Belang ist; dann lehren diese Versuche, dass die Batterien von gleicher Kraft, auch wenn sie von ganz ungleichen Flaschen gebildet werden, bei gleicher Intensität der Ladung eine gleiche Wärme entwickeln; denn die Batterie $(A) + (B)$ ist nach §. 3 nur um weniges, die Batterie $(B) + (C)$ um etwas mehr an Kraft kleiner als die Batterie $F_2 + F_4$, und beide geben auch bei den kleinern Intensitäten der Ladung, auf die es hier wegen des vorhandenen fast gleichen Widerstandes vornehmlich ankommt, etwas kleinere Zahlen; endlich zeigen diese Versuche, dass die Batterieen $(A) + (B)$ und $(B) + (C)$ einen kleinern mit dem Qaudrat der Ladungsintensität steigenden Widerstand darbieten als $F_2 + F_4$, jedoch ist das Verhältniss zwischen ihnen etwa nur wie 1 : 2, während es nach den Beobachtungen mit der Nebenbatterie mindestens 1 : 3 sein müsste. Es ist in der That höchst schwierig, über den Grund dieser Differenz ins Klare zu kommen; vorauszusetzen, dass Resultate aus Beobachtungen mit dem Luftthermometer hergeleitet mit Resultaten aus Beobachtungen mit dem Funkenmesser nicht streng verglichen werden können, weil beide Messapparate zu verschiedenartig sind, scheint mir um deswillen nicht räthlich, weil die mittelst beider Apparate bestimmten Widerstände der Drähte völlig übereinkommen; am wahrscheinlichsten ist es mir noch, dass die Annahme eines zur Ladung proportionalen und bei allen Arten von Flaschen gleichen Residuums nicht ganz genau ist und dass demnach die Thermometerbeobachtungen wegen des ungleichen Residuums zuvor noch um etwas corrigirt werden müssen. Aus diesem Grunde wird es zweckmässig sein, die strenge Durchführung dieser Untersuchung über den Widerstand der Batterieen bis dahin auszusetzen, wo wir eine vollständigere Kenntniss von der Grösse des Residuums erlangt haben werden.

IV. Die Franklinsche Batterie oder die Flaschensäule.

§. 20. Stellt man mehrere Flaschen oder Batterieen, welche bis auf die lezte gut isolirt sind, hinter einander und verbindet die äussere Belegung der ersten oder derjenigen, welche die Ladung vom Conductor der Maschine aufnimmt, mit der innern der zweiten, die äussere Belegung dieser zweiten Flasche oder Batterie wieder mit der innern der dritten u. s. w., so nennt man eine solche Zusammenstellung eine Franklinsche Batterie oder eine Flaschensäule und die einzelnen Flaschen oder Batterieen die Glieder derselben. Um die einfache Theorie dieser Säule auseinander zu setzen, wollen wir zunächst sämmtliche Glieder einander gleich setzen und die Verbindungsdrähte zwischen den Belegungen aus so starkem Kupferdraht annehmen, dass der Widerstand derselben vernachlässigt werden kann. Theilt man nun dem ersten Gliede, das nicht isolirt gedacht werde, eine nach den Schlägen der Laneschen Flasche bestimmte Ladung q mit, so steige in ihr die Intensität der freien Spannung auf φq; ist ein zweites Glied mit dem ersten jetzt isolirten nach der vorher angegebenen Weise verbunden, so geht die positive Elektricität, die auf der äussern Belegung des ersten Gliedes frei wird, und deren Grösse, wenn wir zunächst alle kleineren Unterschiede vernachlässigen, ebenfalls $= q$ ist, in das zweite Glied über, erzeugt hier, sofern dieses Glied nicht isolirt ist, eine freie Spannung $= \varphi q$ und da diese auch auf der verbundenen äussern Belegung des ersten Gliedes zurückbleibt, so steigt die Intensität im Innern dieses ersten Gliedes auf $\varphi q + \varphi q$ oder auf $2 \varphi q$; denn nach der Weise der isolirten Batterieen (s. §. 3) muss jedes Glied durch eine Ladung q eine Spannungsdifferenz zwischen seinen beiden Belegungen $= \varphi q$ erhalten, möge die Intensität der äussern Belegung gleich Null sein oder irgend einen andern Grad erlangt haben. Kommt noch ein drittes Glied zur Säule hinzu, so geht wieder die positive Elektricität der äussern Belegung des zweiten Gliedes $= q$ in das Innere der dritten über und erzeugt hierin eine freie Spannung $= \varphi q$; diese bleibt auch auf der äussern Belegung des zweiten Gliedes zurück, wodurch dessen freie Spannung im Innern $= 2 \varphi q$ wird; und da diese abermals auf der äussern Belegung des ersten Gliedes zurückbleibt, so erhebt sich die Intensität der freien Spannung im Innern dieses Gliedes bereits auf $3 \varphi q$. Es ist leicht die Ladung so weiter durch mehrere Glieder zu verfolgen; ebenso leicht ist es aber auch die freie Spannung anzugeben, wenn die einzelnen Glieder aus ungleich vielen sonst aber einander gleichen Flaschen zusammengesetzt sind. Es sei nämlich die Zahl der Flaschen im letzten Gliede $= n_1$, im vorletzten $= n_2$, im drittletzten $= n_3$ u. s. f. (denn es ist bequemer die Glieder vom letzten an zu numeriren), so ist bei einer der Säule mitgetheilten Ladung $= q$ die Intensität der freien Spannung (e_1) auf der nicht isolirten Belegung des letzten Gliedes $= 0$, auf der innern Belegung dieses (i_1) und ebenso auf der äussern des vorletzten Gliedes (e_2) $= \frac{\varphi q}{n_1}$, ferner auf der innern Belegung des vorletzten (i_2) und auf der äussern des drittletzten (e_3) $= \frac{\varphi q}{n_1} + \frac{\varphi q}{n_2}$ oder $= \varphi q \left(\frac{1}{n_1} + \frac{1}{n_2}\right)$, dann auf der innern Belegung des drittletzten Gliedes (i_3) und auf der äussern des viertletzten

$$(e_4) = \frac{\varphi q}{n_1} + \frac{\varphi q}{n_2} + \frac{\varphi q}{n_3} = \varphi q \left(\frac{1}{n_1} + \frac{1}{n_2} + \frac{1}{n_3}\right) \text{ u. s. w.}$$

Beim Gebrauch von ungleichen Flaschen und bei aus solchen zusammengesetzten Gliedern muss man die Kraft (k) jedes einzelnen Gliedes kennen, und man hat dann nur $n_1\ n_2\ n_3 \ldots$ mit $k_1\ k_2\ k_3$ zu vertauschen. Behalten wir diesen allgemeinsten Fall bei, so erhalten wir die Formeln

$$e_1 = 0$$

$$i_1 = e_2 = \varphi q \left(\frac{1}{k_1}\right)$$

$$i_2 = e_3 = \varphi q \left(\frac{1}{k_1} + \frac{1}{k_2}\right)$$

$$i_3 = e_4 = \varphi q \left(\frac{1}{k_1} + \frac{1}{k_2} + \frac{1}{k_3}\right) \text{ u. s. w.}$$

Diese Formeln werden etwas zusammengesetzter, sobald man berücksichtigt, dass das erste Glied, wenn es eine Ladung q empfängt, nicht genau ein gleiches Quantum positiver Elektricität dem zweiten Gliede mittheilt, ebenso nicht das zweite dem dritten u. s. w. Ich habe die vollständigen Formeln für überall gleiche Flaschen in Pogg. Ann. Bd. 79 p. 354 mitgetheilt. — Von der Richtigkeit der Formeln überzeugt man sich am sichersten, wenn man wie in Fig. 6 (Ansicht von oben) eine Säule von etwa 4 Gliedern aufstellt, dem letzten d durch den Draht V eine Ableitung nach dem Erdboden giebt, und die stets gleiche Ladung dadurch erreicht, dass man die innere Belegung des ersten a mit der äussern Belegung des letzten Gliedes d durch einen Draht verbindet, der durch die constante Distanz der Kugeln eines Ausladers A unterbrochen ist. Man messe jetzt mittelst des Funkenmessers F die Spannungsdifferenzen zwischen i_4 und e_4 oder i_3 (die Zählung wie vorher von hinten ab), zwischen i_3 und e_3 oder i_2, zwischen i_2 und e_2 oder i_1, endlich zwischen i_1 und e_1, und wird finden, dass die weiter beobachteten Spannungsdifferenzen zwischen i_2 und e_1, oder $i_2 - e_1 = i_2 - e_2 + i_1 - e_1$, ebenso $i_3 - e_1 = i_3 - e_3 + i_2 - e_2 + i_1 - e_1$ sind oder überhaupt dass die Spannungsdifferenzen je zweier Glieder gleich der Summe der Spannungsdifferenzen der dazwischenliegenden Glieder sind. Die Messungen fallen scharf aus, sobald die Glieder gut isolirt sind und man noch die Vorsicht angewandt hat, die Flaschen zuvor in die Sonne zu stellen, damit die Ränder derselben vollkommen austrocknen und den Elektricitäten auf beiden Seiten keinen Uebergang zu einander gestatten; stehen die Kugeln des Funkenmessers zu weit von einander, so erfolgt die Entladung über A, stehen sie zu nahe an einander, so erscheint der Funke über F allein, und man findet demnach die richtige Stellung, wenn die Funken mit gleicher Leichtigkeit auf der einen und der andern Seite erfolgen. Dass man übrigens, wenn ein Funke über F gegangen ist, sämmtliche Glieder vollständig auch bis auf das letzte Residuum entladen müsse, bedarf wohl kaum einer besondern Erwähnung; dagegen füge ich bei, dass ich später Einiges über kleine Differenzen zwischen der Beobachtung und der Berechnung beibringen werde. — Eine einfache Betrachtung der Flaschensäule, deren Glieder durch dicke Kupferdrähte verbunden sind, führt zu der Ansicht, dass dieselbe im Grunde genommen nichts anders ist, als eine einfache Flasche oder Batterie von je nach der Gliederzahl mehr oder weniger dickem Glase, deren Kraft nach der bei der Bestimmung der Kräfte $k_1 k_2 k_3 \ldots$. der einzelnen Glieder zum Grunde gelegten Einheit $= \frac{1}{\frac{1}{k_1}+\frac{1}{k_2}+\frac{1}{k_3}+\ldots} = \frac{1}{\Sigma\left(\frac{1}{k}\right)}$ ist, da nach §. 2 die Kraft einer Flasche oder Batterie sich bei constanter Ladung umgekehrt wie die Intensität der freien Spannung verhält. Dieser Ansicht gemäss wird die durch eine Flaschensäule entwickelte Wärme ϑ nach §. 18 durch die Formel.

$$\vartheta = \alpha \frac{J^2}{W} \times \frac{1}{\Sigma\left(\frac{1}{k}\right)} \qquad (1)$$

bestimmt. Will man diese Formel lieber so stellen, dass sie die Wärmeentwicklung für eine constante Ladung durch q Lanesche Massflaschen angiebt, so sei die Wärme, die eine einzelne Flasche von der Krafteinheit durch die genannte Ladung in dem Thermometer bei einem beliebig angenommenen aber hinterher bei der Säule unveränderten Schliessungsbogen angiebt, $= C$, dann haben wir

$$C = \alpha \frac{q^2}{W} \qquad (2),$$

und weil die Intensität J der Säule umgekehrt proportional zur Kraft derselben steht oder $J = q\Sigma\left(\frac{1}{k}\right)$ ist, aus (1)

$$\vartheta = \alpha \frac{q^2 . \Sigma\left(\frac{1}{k}\right)}{W} \qquad (3)$$

also $$\vartheta = C . \Sigma\left(\frac{1}{k}\right) \qquad (4).$$

Bestände die Säule aus lauter gleichen Flaschen, alle einzelnen von der Krafteinheit, so würde bei z einfachen d. h. aus einzelnen Flaschen gebildeten Gliedern

$$\vartheta = zC \qquad (5)$$

und bei ungleichen Gliedern, die von hinten ab gerechnet aus $n_1\ n_2\ n_3 \ldots$ Flaschen zusammengesetzt sind,

$$\vartheta = \left(\frac{1}{n_1}+\frac{1}{n_2}+\frac{1}{n_3}+\ldots..\right) C \qquad (6)$$

sein. — Diese einfachen Resultate können jedoch die Beobachtungen nicht liefern, weil, wie wir bereits §. 19 anführten, sich der Widerstand der Batterie also auch hier der Widerstand der Flaschensäule mit steigender Intensität steigert. Geben nun zwar Flaschen von dickerm Glase einen kleinern Widerstand, wie sich dies bei meinen Beobachtungen gezeigt hat, so steigert sich doch bei einer Flaschensäule namentlich aus gleichen Gliedern, auch wenn ihre Zahl nicht 3 oder 4 überschreitet, die Intensität mit einer constanten Ladung so sehr, dass der Widerstand beim Uebergange von einem zu mehreren Gliedern nicht unbeträchtlich wächst, und demnach die beobachteten Zahlen ϑ nicht unbedeutend gegen die aus Formel (5) oder (6) berechneten zurückbleiben. Leider fehlen uns nach §. 19 noch genaue Zahlenwerthe für diesen mit der Intensität der Ladung steigenden Widerstand, so dass sich die hier vorhandene Lücke bis jetzt nicht ausfüllen lässt; indessen giebt es doch Mittel, sich auch schon gegenwärtig von der Richtigkeit der Formeln (1) oder (5) und (6) zu überzeugen. Entweder nehme man einen Schliessungsbogen von sehr grossem Widerstande und dem entsprechend, damit die Zahl C nicht zu klein ausfalle, Glieder aus mehreren Flaschen; dann wird der mit J veränderliche Widerstand der Säule gegen den constanten Widerstand der Leitung zurücktreten und die Gültigkeit der Formeln (5) und (6) nahezu durch die Beobachtungen erwiesen werden; oder man setze sich verschiedene Säulen zusammen, die man bis zu derselben constanten Intensität lade; dann wird sich Formel (1) nahezu bewähren, namentlich wenn die Intensität der Ladung nicht zu gross und demgemäss die Flaschenzahl in den einzelnen Gliedern hinreichend vermehrt ist, weil der auch in Säulen, die der Zahl nach aus ungleichen Gliedern bestehen, bei constanter Intensität etwas ungleiche Widerstand keine auffallenden Störungen veranlassen wird.

§. 21. Die Theorie der Flaschensäule hat ein eigenes Geschick gehabt. Hr. Dove behandelte dieselbe zuerst; er gab bei einer gleichgliedrigen Säule die Intensität der freien Spannung als ein Quadrat der Gliederzahl, die Wärmeentwicklung dagegen als direkt zur Gliederzahl wachsend an; während er also im erstern Punkte das Richtige verfehlte, bekam er im andern Punkte ein fehlerfreies Resultat, weil er Batterieen als Glieder angewandt hatte und somit durch den veränderlichen Widerstand weniger gestört worden war; auch gebrauchte er zum Schliessungsbogen Eisendrähte, die hier vortheilhaft waren. Seine Formeln für ungleichgliedrige Säulen konnten nur als empirischer Ausdruck der Beobachtungen gelten, da sie sich nicht über zweigliedrige Säulen ausdehnen liessen und bei diesen selbst zu Inconvenienzen führten. Später theilte ich die vorher angegebenen Formeln mit, die auf den Gebrauch von gleichen oder nahe gleichen Flaschen beschränkt wurden; ich fügte die erforderlichen Versuche hinzu, welche die Formeln bestätigten. Gegen diese Mittheilung trat wieder Hr. Riess auf, indem er neue Versuche beibrachte; nach ihnen verwarf er jede Theorie und blieb einfach bei seinen Beobachtungen stehen. Hiergegen wäre im Allgemeinen nichts zu erinnern gewesen, wenn nur Hr. Riess für diejenigen, welche dergleichen Mittheilungen nicht genauer anzusehen pflegen, die Bemerkung hinzugefügt hätte, dass seine neuen Beobachtungen bis auf eine abweichende Reihe mit den von mir aufgestellten Formeln übereinstimmen, und dass auch diese eine Reihe sich nur um weniges von den Formeln entferne. Denn dass die von ihm beobachtete Wärmeentwicklung bei einer Säule aus 4 gleichen Gliedern etwa nur die dreifache ist von der einer eingliedrigen bei gleicher Ladung, das streitet gegen meine Formel nicht, da ich ja ausdrücklich erklärt hatte, dass der Widerstand bei grösserer Intensität bedeutender ist als bei niedriger, und den Widerstand als einen wesentlichen Theil in die Formel aufgenommen hatte. Dass ferner die Schlagweite derselben viergliedrigen Säule auf die 6,4 fache von der des ersten Gliedes heranwächst, das stösst ebenso wenig die Formel um, die nur die 4fache zulässt, weil Hr. Riess nicht die Intensitäten, wie es die Formel thut, sondern die Funkenlängen berücksichtigt hat. Wollte Hr. Riess nicht blos Beobachtungen mittheilen, die die Sache nicht weiter fördern, sondern die rechte Einsicht über die Flaschensäule verbreiten, so musste er vor allen Dingen die zwei streitigen Punkte erledigen, nämlich die Fragen nach der Herleitung der Intensität aus der Funkenlänge und nach dem mit der Intensität der Ladung einer Batterie wachsenden Widerstande der Leitung; er konnte sich hier wahrlich nicht bei seinen frühern Versuchen beruhigen, welche zur Entscheidung derartiger Fragen keineswegs genügen. Auch hätte Hr. Riess eine Untersuchung seiner Flaschen ihrer Kraft nach nicht übergehen sollen, nachdem ich auf diesen Punkt bereits die Aufmerksamkeit gelenkt hatte, denn sicher besitzt er ebenso wenig wie ein anderer ganz gleiche Flaschen und doch wollte er aus seinen Beobachtungen nicht etwa nur angenäherte sondern strenge Resultate herleiten. — Ich gehe jetzt auf die einzige abweichende Reihe näher ein. Berechnet man die von Hr. Riess mitgetheilten Angaben bei einer vier- und gleichgliedrigen Säule nicht nach den Funkenlängen sondern nach den Intensitäten, so steigt (s. Pogg. Ann. Bd. 80. p. 575.) die Intensität der ganzen Säule nahe auf das $4\frac{1}{2}$fache von der des ersten Gliedes. Wenngleich das Ergebniss nur wenig von der durch die Formel geforderten 4fachen Intensität abweicht, so veranlasste es mich doch den Gegenstand noch einmal vorzunehmen und so genau als möglich zu untersuchen, woher diese Abweichung entstanden sein konnte. Der einzige Unterschied zwischen meiner Art zu experimentiren und der des Hrn. Riess bestand darin, dass ich mit dem letzten Gliede eine sehr kleine Lanesche Flasche von höchst geringer, er dagegen eine grössere von $\frac{1}{2}$ Linie Schlagweite verbunden hatte; auch dürften vielleicht Differenzen aus einem grössern oder kleinern Abstande der einzelnen Glieder von einander entstanden sein. In Betreff des letztern Bedenkens fand ich bei den neuen Versuchen, dass alle beobachteten Zahlen dieselben blieben, mochte der Zwischenraum zwischen je zwei Gliedern 2 oder 15 Zoll betragen; es blieb also nur der Gebrauch verschiedener Laneschen Flaschen zu prüfen. Um das Ziel am leichtesten zu erreichen, machte ich die Flasche im letzten Gliede dadurch zu einer Laneschen, dass ich ihre innere Belegung mit einem zur äussern abgeleiteten Auslader versah, dessen Kugeln etwa um $\frac{1}{2}$ Linie von einander entfernt standen. Ich verband darauf die innere Belegung der ersten Flasche F_1 mittelst des Funkenmessers erst mit der äussern Belegung derselben Flasche oder mit der innern der zweiten F_2, was gleiche Zahlen lieferte, dann mit der äussern Belegung der zweiten oder der innern der dritten F_3, dann mit der äussern Belegung der dritten Flasche oder der innern der vierten F_4, endlich mit der äussern nicht isolirten Belegung dieser Flasche. Die Batterie wurde jedesmal soweit geladen, bis der Funke über den Auslader der letzten Flasche schlug, und die richtige Stellung des Funkenmessers für diesen Moment ermittelt. Ich gewahrte nun sogleich, dass die Messungen mit dem Funkenmesser in einer eigenthümlichen Weise unsicher wurden; die beiden Funken nämlich über den Auslader und den Funkenmesser erschienen noch immer zugleich, wenn auch die Kugeln des letztern Instruments um eine gewisse Distanz (Spielraum) näher oder weiter von einander gerückt wurden, und zwar so, dass bei den kleinern Distanzen der Funke erst über den Funkenmesser, dann über den Auslader, umgekehrt bei den grössern Distanzen erst über den Auslader dann über den Funkenmesser schlug, und dass nur in der Mitte des Spielraums beide Funken zusammenfielen. Der Spielraum wurde immer grösser, je weiter von einander abstehende Glieder mit einander verbunden wurden. So ging der Spielraum bei der Verbindung der innern und äussern Belegung der ersten Flasche von 13,75 bis 15,75, bei der Verbindung der innern Belegung der ersten mit der äussern der zweiten Flasche von 24,25 bis 30,25, bei der Verbindung der innern Belegung der ersten mit der äussern der dritten Flasche von 38,25 bis 50,25, und nur bei der Verbindung mit der äussern Belegung der letzten Flasche schlug der Funkenmesser sicher auf 59,25, weil diese Flasche nicht isolirt war. Da die Spielräume bei den wechselnden Verbindungen von 2,0 auf 6,0 auf 12,0 wachsen, so würde der letzte Spielraum, wäre das vierte Glied der Säule mit einer Laneschen Flasche von gleicher Schlagweite verbunden gewesen, auf 20,0 gestiegen sein. Es ist mir auffallend, dass Herr Riess diesen Umstand, der auch bei seinen

Beobachtungen hervorgetreten sein muss, nicht erwähnt hat; er lehrt uns jedenfalls, dass die Elektricität in einer Flaschensäule so leicht ins Schwanken gesetzt werden kann, dass ein Funke den andern nach sich zieht. Aus den Beobachtungen entnehmen wir folgende beide Tabellen für die Spannungsdifferenzen in den verschiedenen Verbindungen:

nach der Mitte des Spielraums.	Verhältniss.	nach der weitesten Grenze des Spielraums.	Verhältniss.
14,75	1	15,75	1
27,25	1,85	30,25	1,92
44,25	3,00	50,25	3,19
59,25	4,02	69,25	4,40

Die letzte Tabelle stimmt mit den Beobachtungen des Hrn. Riess überein, der demnach wohl die längste Funkenlänge notirt hat, die erste mit der von mir aufgestellten Formel. — So scheinbar genau diese Versuche abermals der Formel entsprechen, so blieb es für mich doch noch merkwürdig, dass das Verhältniss der ganzen Intensität zur Intensität des ersten Gliedes wie 1 : 4 war, während es nach meiner Meinung etwas kleiner hätte ausfallen sollen, da die Kraft von F_1 etwas geringer ist als die mittlere Krafteinheit aller vier Flaschen und ihre Intensität ausserdem, weil sie im ersten Gliede stand, noch nach den kleinen Correctionen der vollständigen Formel etwas gesteigert sein musste. Um hierüber ins Klare zu kommen und zugleich auch andern zu zeigen, dass die Formel nicht unnützerweise mit Correctionen belastet ist, machte ich noch zwei Versuchsreihen durch; in der ersten standen vom Conductor ab die Flaschen in der Folge $F_1\ F_2\ F_3\ F_4$, in der andern grade in umgekehrter Reihe. Die Versuche wurden nach der Anordnung in Fig. 6. angestellt, indem diese allein den Spielraum in den Angaben des Funkenmessers beseitigt. Ich werde der Kürze wegen mit F_1 die Verbindung der innern und der äussern Belegung der ersten Flasche, mit F_2 dieselbe Verbindung an der zweiten, mit $F_1 + F_2$ die Verbindung der innern Belegung der ersten mit der äussern der zweiten Flasche u. s. w. bezeichnen, also durch die Angabe der

Flaschen ausdrücken, von wie vielen Flaschen auf einmal die Spannungsdifferenz beobachtet worden ist.

Flaschensäule F_1 F_2 F_3 F_4.		Flaschensäule F_4 F_3 F_2 F_1.	
Verbindungen.	Spannungsdifferenz.	Verbindungen.	Spannungsdifferenz.
F_1	13,2	F_4	11,6
F_2	10,7	F_3	13,9
F_3	13,7	F_2	10,7
F_4	11,2	F_1	12,6
$F_1 + F_2$	24,2	$F_2 + F_1$	23,7
$F_2 + F_3$	25,2	$F_3 + F_2$	25,2
$F_3 + F_4$	25,5	$F_4 + F_3$	26,2
$F_1 + F_2 + F_3$	39,8	$F_3 + F_2 + F_1$	39,4
$F_2 + F_3 + F_4$	37,7	$F_4 + F_3 + F_2$	38,2
$F + F_2 + F_3 + F_4$	53,0	$F_4 + F_3 + F_2 + F_1$	53,0

Während diese Beobachtungen einerseits die Ungleichheit der angewandten Flaschen, anderseits die etwas veränderte Intensität derselben nachweisen, je nachdem sie mehr am Anfange oder am Ende der Säule stehen, lehren sie zugleich, dass die beobachteten Zahlen desto mehr die Summe der Spannungsdifferenzen der einzelnen Glieder wenn auch nur um weniges überschreiten, je mehr Glieder der Funkenmesser verbindet. Ich kann den Grund dieser Erscheinung nicht in einer etwas fehlerhaften Normirung des Funkenmessers suchen, erkläre sie mir vielmehr dadurch, dass die Ladung einer Flaschensäule stets etwas Fluctuirendes hat (Beleg der oben angeführte Spielraum), und dass deshalb längere Funken, bei denen das Schwanken stärker hervortritt, auf eine etwas zu grosse Distanz überspringen.

V. Die Stromtheilung auf einem verzweigten Schliessungsbogen.

§. 22. Mit dem Namen „verzweigter Schliessungsbogen" bezeichnet man einen Schliessungsbogen, der an einer oder mehreren Stellen sich in zwei oder mehrere Theile spaltet, die sich entweder erst am Ende, an der Aussenseite der Batterie, oder schon vorher auf irgend eine Weise wieder vereinigen; die von einander getrennten Theile (Drähte) heissen Zweige, der einfache Schliessungsbogen Stamm. Der elektrische Strom der Batterie wird natürlich durch den Stamm ganz, durch die verschiedenen Zweige dagegen in bestimmten Theilen hindurchgehen. Es entsteht nun die Aufgabe für einen gegebenen verzweigten Schliessungsbogen 1) die Stromtheile zu berechnen, welche durch jeden einzelnen Zweig hindurchgehen, 2) die Intensität der freien Spannung an jedem Punkte des Stammes oder der Zweige anzugeben, 3) die Wärme zu ermitteln, die im Stamm und in den Zweigen frei wird. Um den einfachsten Fall zuerst zu betrachten, spalte sich der Stamm $AB + CD$ (Fig. 7) in die beiden Zweige BEC und BFC; beide seien homogen, jedoch der erstere L', der andere L'' Fuss lang. Wäre der Zweig L' allein in der Leitung, so würde zwischen seinen Endpunkten B und C eine zu L', wäre L'' allein, so würde zwischen B und C eine zu L'' proportionale Spannungsdifferenz entstehen; beide Differenzen sind ungleich; werden demnach beide Zweige zugleich eingeschaltet, so kann das Gleichgewicht in der Spannung nur erhalten werden, wenn die Stromtheile, welche durch sie hindurch gehen, sich umgekehrt wie die Längen verhalten. Bezeichnen a' und a'' diese Stromtheile durch L' und L'', wo $a' + a'' = 1$ d. h. dem ganzen Strom gleich ist, so verlangt das Gleichgewicht in der freien Spannung $a'L' = a''L''$ und die Spannungsdifferenz zwischen B und C sinkt auf $a'L'$ oder $a''L''$ zurück, oder mit andern Worten die ganze verzweigte Stelle $BECF$ wirkt bei der Vertheilung der freien Spannung auf dem Schliessungsbogen wie ein homogener Draht von $a'L'$ oder $a''L''$ Länge. (Belege hierzu s. Pogg. Ann. Bd. 67. p. 482). Aus den beiden Gleichungen $a' + a'' = 1$ und $a'L' = a''L''$ erhält man

$$a = \frac{L''}{L' + L''} \text{ und } a'' = \frac{L'}{L' + L''}.$$

Nehmen wir hierauf die beiden Zweige als nicht homogen an, so seien ihre äquivalenten Längen l' und l''; jeder allein würde wieder zwischen B und C eine zu l' und l'' proportionale Spannungsdifferenz erzeugen, die im Allgemeinen ungleich sind; soll demnach wenn beide als Zweige eintreten auch in diesem Falle an B und C das Gleichgewicht in der Spannung erhalten werden, so müssen die Stromtheile a' und a'' so sein, dass $a'l = a''l''$ und $a' + a'' = 1$ ist. Der ganze verzweigte Draht vertritt wieder in Bezug auf die Vertheilung der freien Spannung einen Draht von $a'l$ oder $a''l''$ äquivalenter Länge. Aus $a'l = a''l''$ und $a' + a'' = 1$ folgt $a' = \frac{l''}{l + l''}$ und $a'' = \frac{l}{l + l''}$. — Es mag auf den ersten Blick auffallend sein, dass ich die Stromtheile aus den äquivalenten Längen allein ohne alle Rücksicht auf die Widerstände der beiden Zweige bestimmt habe, und zwar um so mehr, als man sich durch die Gesetze, denen der galvanische Strom bei der Verzweigung folgt, nur zu sehr gewöhnt hat, die Vertheilung umgekehrt proportional zu den Widerständen der Zweige zu setzen. Allein bei der Entwicklung der galvanischen Gesetze bilden die Widerstände der Zweige keineswegs das bestimmende Moment, sondern eine richtige Theorie hat sich stets dafür ausgesprochen, dass der Grund der Vertheilung in der Forderung nach dem Gleichgewichte in der freien Spannung liege; wenn nun die Spannung (Gefäll) beim galvanischen Strom proportional zum Widerstande, beim elektrischen Strom dagegen proportional zur äquivalenten Länge der Drähte abnimmt, so ist es natürlich, dass die Vertheilung des galvanischen Stroms auf zwei Zweige sich umgekehrt zu ihren Widerständen und die Vertheilung des elektrischen Stroms sich umgekehrt zu ihren äquivalenten Längen stellt. Es ist hier nicht nothwendig den Grund zu kennen, warum beide Stromarten in ihrer freien Spannung so sehr von einander abweichen, es genügt dass die Versuche die Verschiedenheit fest stellen; den Grund zu kennen wäre nur wichtig, um das Wesen des elektrischen Stroms zu erfassen, das, wie ich im Vorworte bereits gesagt habe, wir bis jetzt noch nicht kennen. — Nachdem die Stromtheile bekannt sind, welche die Zweige durchlaufen, unterliegt es weiter keiner Schwierigkeit auch die Wärmeentwicklung anzugeben, welche man im Thermometer beobachten wird; es kommt nur darauf an noch den Widerstand der ganzen Leitung zu berechnen. Es sei hierzu der Widerstand des Stammes $AB + CD = W$, des Zweiges $BEC = w'$ und des Zweiges $BFC = w''$; durch den Stamm geht der ganze Strom und findet darin den Widerstand W; durch den Zweig BEC geht der Stromtheil a' und findet darin, weil er sich in dem Verhältniss als er geringer ist ausbreiten kann, nur den Widerstand $a'w'$ und da dieser wieder nur als Theil a' auf den ganzen Strom zurückwirkt, hemmt er diesen ganzen Strom mit einem Widerstande $= a'^2w$; dasselbe thut der Stromtheil a'', der durch den Zweig BFC hindurchgeht, er übt auf den ganzen Strom einen Widerstand $= a''^2w''$ aus. Der Gesammtwiderstand ΣW, den die Leitung bietet, ist somit $= W + a'^2w' + a''^2w''$. Damit dieser Ausdruck keinen Anstoss gebe, bemerke ich, dass man den Widerstand eines verzweigten Schliessungsbogens für den galvanischen Strom ebenso berechnen kann; da hier aber $a' = \frac{w''}{w' + w''}$ und $a'' = \frac{w'}{w' + w''}$ ist, so zieht sich $\Sigma W = W + a'^2w' + a''^2w''$ in $W + \frac{w''^2w'}{(w' + w)^2} + \frac{w'^2\,w''}{(w' + w'')^2}$ oder in $W + \frac{w'\,w''}{w' + w''}$ zusammen, wie der bekanntere Ausdruck für den Gesammtwiderstand lautet. Wir wissen ferner, dass die Wärme im Quadrat der Stromstärke steigt, somit erhalten wir, wenn das Thermometer bei unveränderter Ladung der Batterie in dem um die Zweige verkürzten Schliessungsbogen $\frac{C}{W}$ angiebt, die Thermometerangaben ϑ ϑ' und ϑ'' im Stamm und in den beiden Zweigen aus

$$\vartheta = \frac{C}{\Sigma W} \qquad (1)$$

$$\vartheta' = \frac{C a'^2}{\Sigma W} \qquad (2)$$

$$\vartheta'' = \frac{C a''^2}{\Sigma W} \qquad (3),$$

worin der Kürze wegen wie vorher $\Sigma W = W + a'^2 w' + a''^2 w''$ gesetzt ist. Will man lieber die vollständigen Ausdrücke haben, in denen die äquivalenten Längen l' und l'' enthalten sind, so schreibe man

$$\vartheta = \frac{C}{W + \left(\frac{l''}{l'+l''}\right)^2 w' + \left(\frac{l'}{l'+l''}\right)^2 w''} \qquad (4)$$

$$\vartheta' = \frac{C\left(\frac{l''}{l'+l''}\right)^2}{W + \left(\frac{l''}{l'+l''}\right)^2 w' + \left(\frac{l'}{l'+l''}\right)^2 w''} \qquad (5)$$

$$\vartheta'' = \frac{C\left(\frac{l'}{l'+l''}\right)^2}{W + \left(\frac{l''}{l'+l''}\right)^2 w' + \left(\frac{l'}{l'+l''}\right)^2 w''} \qquad (6).$$

Die so eben vorgetragenen Gesetze über die Vertheilung des elektrischen Stroms drücken sonderbare Erscheinungen aus, die den Beobachter anfänglich nicht mit Unrecht in Erstaunensetzen. Bildet man z. B. zwei Zweige, von denen der erste eine äquivalente Länge von 8′ hat, der andere eine äquivalente Länge von 2′, setzt den Widerstand des ersten = 0,1, des zweiten = 1,5 und den Widerstand des Stammes $W = 1$, so zeigt das Thermometer im Stamm, wenn der zweite Zweig fehlt, eine Wärme $= \frac{C}{1{,}1} = \frac{10}{11} C$ an; fügt man darauf den zweiten Zweig zu und eröffnet damit dem Strom zwei Wege, so sinkt nichtsdestoweniger das Thermometer auf $\frac{C}{1 + \frac{1}{25} \cdot 0{,}1 + \frac{16}{25} \cdot 1{,}5}$ oder auf $\frac{250}{491} C$ d. h. nahe auf $\frac{1}{2} C$ herab. Indess wenn man erwägt, dass zur Erhaltung des Gleichgewichts in der Spannung $\frac{4}{5}$ des Stroms durch den zweiten stark hemmenden Zweig hindurchgehen müssen, so verschwindet das Auffallende der Thatsache, oder vielmehr sie ist um nichts mehr oder weniger auffallend, als wenn wir sehen, dass derselbe elektrische Strom, der ungehindert seine Bahn verfolgen könnte, einen Nebenstrom erregt oder eine Nebenbatterie in Bewegung setzt, die ihn eben so sehr hemmen und die von ihm, als er frei ging, entwickelte Wärme um die Hälfte oder nach Umständen um noch viel mehr erniedrigen. Es liegt eben im Wesen des elektrischen Stroms, dass er nicht strömen kann, wenn in seiner Spannung kein Gleichgewicht besteht; kann er es nicht anders hervorrufen, als dass er dabei langsamer strömt, so muss er langsamer strömen, weil er anders nicht fortkommt. — Aus den Formeln (4) (5) (6) leitet man noch die Folgerung ab, dass die gesammte entwickelte Wärme bei constanter Ladung derselben Batterie constant bleibt, gleichgültig ob die Zweige vorhanden sind oder nicht, oder wie man auch die Zweige selbst verändere. Multiplicirt man nämlich (4) mit W, (5) mit w', (6) mit w'', und addirt sie, so ist die gesammte frei gewordene Wärme $\Theta = C$, ebenso wie im einfachen Schliessungsbogen. — Will man noch das Minimum der Wärmeentwickelung bestimmen, das im Stamme hervortreten kann, wenn man den einen Zweig, dessen äquivalente Länge l' ist, bei einem Widerstande $= w'$ constant lässt, während man den andern, der auf eine äquivalente Länge x einen Widerstand $= xw''$ darbiete, verändert, so muss $\Sigma W = W + \left(\frac{x}{l'+x}\right)^2 w' + \left(\frac{l'}{l'+x}\right) x\, w''$, worin x variabel ist, ein Maximum werden. Dies giebt die Bedingungsgleichung

$$2\left(\frac{x}{l'+x}\right)\left\{\frac{1}{l'+x} - \frac{x}{(l'+x)^2}\right\} w' + \left(\frac{l'}{l'+x}\right)^2 w'' - 2\left(\frac{l'}{l'+x}\right)\left(\frac{l'}{(l'+x)^2}\right) x w'' = 0$$

oder $2xw' + l'(l'+x)\, w'' - 2l'xw'' = 0$, woraus $x = \frac{l'^2 w''}{l' w'' - 2w'}$ folgt. So möge z. B. in der Zusammensetzung des Schliessungsbogens, welche in §. 24 angegeben werden soll, der eine Zweig von 16' dicken Kupferdraht mit seinem Widerstand $w' = 0{,}04$ constant bleiben, und der andere Zweig aus Platindraht von 0,081 Linien Durchmesser gebildet werden, von dem eine zum Kupferdraht äquivalente Länge von 2,16 Fuss (= 16,8 Zoll Platindraht) einen Widerstand = 0,56 darbietet, also auf den äquivalenten Fuss einen Widerstand $w'' = 0{,}26$, so müsste dieser Zweig, um das Minimum der Wärme im Stamm zu bedingen, eine äquivalente Länge von 16,3 Fuss besitzen. Das Thermometer würde, wenn nur der eine Zweig von 16' Kupfer vorhanden wäre,

18,0 zeigen und, wenn beide Zweige eingeschaltet wären, auf 10,8 sinken. — Zum Belege der so eben aufgestellten Gesetze habe ich in Pogg. Ann. Bd. 61 p. 55, Bd. 62 p. 353 und Bd. 62 p. 207 (dies ist die richtige Folge) drei Abhandlungen bekannt gemacht; später habe ich noch hierher gehörige Versuche in Pogg. Ann. Bd. 79 p. 255 und in der Abhandlung Wiener Sitzungsber. Märzheft 1853 p. 262 mitgetheilt. So genau sich die Beobachtungen im Allgemeinen den Formeln anschliessen, so sind mir doch fast überall kleine Anstände hervorgetreten, wenn ich durch verschieden geformte Zweige hindurch die einzelnen Drähte in fester äquivalenter Länge ansetzen wollte; ich habe mich anfänglich dafür ausgesprochen, dass diese Längen mit der Länge des gesammten Schliessungsbogens etwas variiren möchten, ich habe selbst angenommen, dass sie nach und nach bei immer grösserer Länge desselben auf die für den galvanischen Strom geltenden Längen übergehen möchten; meine Ansicht hat sich indess jetzt dahin gestellt, dass die letztere Vermuthung falsch ist und dass der erstere Punkt noch einer recht strengen Revision bedürfe, bei welcher namentlich die Angaben des Thermometers einer sorgfältigen Prüfung unterworfen werden müssten. Zudem hat sich bei meinen neuesten Untersuchungen über die Nebenbatterie der Satz unzweifelhaft herausgestellt, dass zwei Zweige, deren äquivalente Längen l' und l'' sind, nicht genau als eine äquivalente Länge von $a'l'$ oder $a''l''$ auftreten, sondern sich etwas kürzer machen; sie bilden gleichsam zusammen einen dicken Draht von der Länge $a'l'$, dessen äquivalente Länge wieder etwas geringer ist. Ist dies nun der Fall, so frägt es sich noch, ob beide Zweige genau proportional zu ihren äquivalenten Längen an dieser Verkürzung Theil nehmen, wo dann die Stromtheilung unverändert bliebe, oder ob der eine Zweig mehr der andere weniger zusammenrückt, woraus ein wenn auch nur geringer Einfluss auf die Stromtheilung entspringen würde. Die genannten Störungen sind jedenfalls nur gering, müssen aber doch, wenn anders das Luftthermometer ein hierzu hinreichend scharfes Messinstrument ist, auf bestimmte Gesetze zurückgeführt werden können, und hierzu bedarf es, wie ich so eben bemerkte, noch einer recht vollständigen und zweckmässig geleiteten Beobachtungsreihe.

§. 23. Die zusammengesetzten Formen des verzweigten Schliessungsbogens will ich nur kurz besprechen. Jede Verzweigung, wie complicirt sie auch ist, zerfällt in mehrere in sich geschlossene Ringe, die durch mehrere oder wenigere Drähte (Zweige) gebildet werden. Man bestimme zuerst für jeden Zweig die äquivalente Länge und den Widerstand, nenne die Stromtheile, die hindurchgehen, a' a'' a''' ... und bezeichne die Richtung, in der diese Stromtheile fliessen, mit einem Pfeil. Hierauf setze man die Summe aller Spannungsdifferenzen $a'l'$, $a''l''$ ... in jedem Ringe gleich Null, indem man, wenn der Strom in dem Sinne fliesst, in welchem man herumzählt, a' a'' ... positiv, wenn er im entgegengesetzten Sinne fliesst, negativ einführt; man erhält hierdurch zur Bestimmung der Stromtheile ebenso viele Gleichungen als geschlossene Ringe vorhanden sind. Endlich füge man aus jeder Stelle, wo ein Strom sich in zwei oder mehrere spaltet, eine neue Gleichung aus der Betrachtung hinzu, dass der Strom, welcher sich spaltet, gleich der Summe der Partialströme ist, die aus ihm entspringen. Die Zahl der Gleichungen wird genügen, um a' a'' a''' ... zu berechnen. Hat man sich vorher in der Annahme der Stromrichtung geirrt, so wird das negative Zeichen des Stromtheils die umgekehrte Richtung andeuten. Den Gesammtwiderstand der Leitung berechnet man nach der im vorigen §. angegebenen Methode. Um ein Beispiel zu geben wähle ich den von mir bereits in Pogg. Ann. Bd. 68 p. 136, behandelten Fall. Es sei Fig. 8 $AB + CD$ der Stamm mit dem Widerstand W, durch BE, dessen äquivalente Länge $= l'$ und dessen Widerstand $= w'$ sei, gehe der Stromtheil a' in der durch den Pfeil angedeuteten Richtung, dieselben Grössen seien für den Zweig BF l'' w'' a'', für FE l''' w''' a''', für EC l^{IV} w^{IV} a^{IV} und für FC l^{V} w^{V} a^{V}, so erhält man zur Bestimmung der Stromtheile die Gleichungen

$$a' l' - a''' l''' - a'' l'' = 0$$
$$a''' l''' + a^{\mathrm{IV}} l^{\mathrm{IV}} - a^{\mathrm{V}} l^{\mathrm{V}} = 0$$
$$a' + a'' = 1$$
$$a' + a''' = a^{\mathrm{IV}}$$
$$a'' + a''' = a^{\mathrm{V}}$$

und den Gesammtwiderstand $\Sigma W = W + a'^2 w' + a''^2 w'' + a'''^2 w''' + a^{\mathrm{IV}\,2} w^{\mathrm{IV}} + a^{\mathrm{V}\,2} w^{\mathrm{V}}$. Dies mag genügen für die complicirteren Formen der Verzweigung.

§. 24. Nach den von mir mitgetheilten 3 ersten Beobachtungsreihen machte Hr. Riess eine neue Versuchsreihe bekannt und warnte zugleich vor Zusammensetzungen des Schliessungsbogens, wie ich sie gewählt hatte, indem in solchen Nebenströme entständen, die das Gesetz der wahren Stromtheilung verdeckten. Wir werden jetzt zu untersuchen haben, was die Einwürfe des Hrn. Riess für eine Bedeutung haben. Betrachtet man die von ihm gewählten kurzen Zweige, die keinen Nebenstrom veranlassen sollen, so sind sie von der Art, dass die äquivalenten Längen derselben mit den Widerständen proportional sind, denn wenn ein Draht bei gleicher Stärke mit einem andern einen geringern Widerstand auf eine gleiche Länge dargeboten hätte, so gebrauchte er von dem ersten Drahte eine feinere Sorte, und wenn dies kaum zu bewerkstelligen war wie beim Kupferdraht, so verwarf er das Resultat, weil der Draht sich durch den Strom verbogen habe, obschon doch bekannt ist, dass eine derartige Verbiegung den Strom nicht zu stören vermag. Bei einer solchen Wahl der Zweige, deren äquivalente Längen, wie gesagt, den Widerständen proportional wurden, musste natürlich Herr Riess die elektrische Stromtheilung auf die für den galvanischen Strom gültigen Gesetze zurückführen. Setzt man nämlich in die Formeln (4) (5) (6) für l' l'' die proportionalen Werthe w' w'', so gehen sie über in

$$\vartheta = \frac{C}{W + \frac{w' w''}{w' + w''}}$$

$$\vartheta' = \frac{C\left(\frac{w''}{w'+w''}\right)^2}{W+\frac{w'w''}{w'+w''}}$$

$$\vartheta'' = \frac{C\left(\frac{w'}{w'+w''}\right)^2}{W+\frac{w'w''}{w'+w''}},$$

welche Formeln keine andern sind als die vom galvanischen Strom her bekannten und die von Herrn Riess als Resultat seiner Versuche überlieferten. So weit also Herr Riess seine Beobachtungen ausgedehnt hat, so weit hat er die von mir aufgestellten Formeln bestätigt und keineswegs widerlegt. Allein nun lehnt er es ab Verzweigungen zuzulassen, die über diesen speciellen Fall hinausgehen und zwar verwirft er nicht etwa nur die längern Zweige, sondern in demselben Masse auch die kurzen, sofern sie aus starkem, gut leitendem Drahte bestehen; die Beobachtung jedoch bestätigt er, dass bei solchen Zweigen ein bedeutender Strom durch den schlechter leitenden Zweig hindurchgeht, und dass der ganze Strom dadurch gehemmt wird; nur sollen die abweichenden Ströme aus Nebenströmen entspringen und nicht aus den Gesetzen der Stromtheilung. Wenn hierauf Herr Riess in seinem Lehrbuch noch hinzufügt, dass diese so veränderten Thatsachen auf keine Gesetze zurückgebracht werden könnten und dass es widersinnig sei, dass ein Strom durch zwei Zweige oder Wege langsamer fliesse als durch einen allein, so scheinen mir diese Worte nicht passend gewählt zu sein. Denn wenn er zugesteht, dass er selbst beobachtet habe, wie ein Strom durch zwei Zweige mehr gehemmt worden ist als durch einen allein, so ist doch sicher auch für ihn die Thatsache selbst nicht widersinnig, denn sie liegt vor, sondern die Erklärung derselben könnte nur falsch sein; und wenn er die Thatsache aus einem Nebenstrom erklärt, so sollte man doch meinen, dass er die Gesetze, denen der Nebenstrom unterworfen ist, genau kenne, und demnach an die Möglichkeit, aus zwei bekannten Strömen die resultirenden Ströme herzuleiten, nicht gänzlich verzweifeln werde. Waren ihm dagegen die Gesetze des Nebenstroms noch nicht klar, wie sollte seine Erklärung der Stromtheilung schon gegenwärtig eine so begründete sein, dass er es gar nicht mehr der Mühe werth hält, durch eigene Beobachtung die Thatsachen vollständig kennen zu lernen und zum Behuf einer gründlichen Entwicklung der Gesetze festzustellen. Denn dass die Stromtheilung Gesetzen folgt, das lehren hinreichend wenige nach irgend einem Plane durchgeführte Beobachtungsreihen. Da es also Herr Riess verschmäht hat, auf die Sache näher einzugehen, so werde ich dieselbe hier ausführlicher besprechen müssen, wobei ich einige Beobachtungen, die ich zu diesem Behufe besonders angestellt habe, zum Grunde legen will. Die Batterie bestand aus den beiden Flaschenpaaren (A) und (C) und der Stamm aus etwa 16′ Kupferdraht von 0,513 Linien Durchmesser und aus dem im Thermometer befindlichen Platindraht; die Zweige wurden aus gleich langen Platindrähten P zu je 16,8 Zoll Länge bei 0,081 Linien Durchmesser und aus dickem Kupferdraht KK von 1,15 Linien Durchmesser gebildet; das Thermometer konnte für jeden solchen Platindraht ohne weitere Störung eingesetzt werden, da es nicht wie das Riess'sche Thermometer noch neue Verbindungsstücke zufügt. Die Beobachtungen wurden immer nur in dem Stamm, wo die Erwärmung mit ϑ, und in dem Zweige I, wo die Erwärmung mit ϑ' bezeichnet werden soll, angestellt, weil darüber kein Zweifel obwaltet, dass die Summe der durch die beiden Zweige gehenden Ströme dem ganzen Strom gleich ist. Die Kugeln des Ausladers blieben fest, so dass die Batterie durchgängig die gleiche Ladung erhielt. In der folgenden Tabelle gebe ich unter der Bezeichnung *Zw.* I. und *Zw.* II. die Drähte an, welche die Zweige bildeten; steht darin ein —, so war der eine Zweig fortgenommen, um den Widerstand des andern kennen zu lernen; steht in beiden Columnen ein —, so fehlten beide Zweige, damit die Wärmeentwicklung im einfachen Stamme, dessen Widerstand = 1 sei, bekannt würde. Aus ϑ' und ϑ habe ich dann unter a' mittelst der Gleichung $a' = \sqrt{\frac{\vartheta'}{\vartheta}}$ den durch Zweig I und unter a'' mittelst der Gleichung $a'' = 1 - a'$

den durch Zweig II fliessenden Stromtheil abgeleitet. Die nächste Columne enthält unter der Ueberschrift „Widerstand" den aus den Beobachtungen selbst abgeleiteten Widerstand der einzelnen Drähte; zugleich dienen diese Beobachtungen zur Controle, dass in den Zweigen kein Hinderniss etwa aus einer schlechten Verbindung vorhanden war. Endlich geben die beiden letzten Columnen die Berechnung von ϑ und ϑ' nach den von mir oben aufgestellten Formeln, indem die zu *KK* äquivalente Länge von $P = 2',16$ gesetzt wurde; den Werth von *C* gab die Beobachtung im einfachen Stamm zu 19,5 an.

№	Zw. I	Zw. II	ϑ beob.	ϑ' beob.	a'	a''	Widerstand.	ϑ ber.	ϑ' ber.
	—	—	19,5	—	—	—	—	—	—
	P	—	12,5	—	—	—	*P* = 0,56	—	—
1	*P*	24'*kk*	13,4	11,4	0,922	0,078	—	13,2	11,1
	—	24'*kk*	18,5	—	—	—	24'*kk*=0,06	—	—
2	*P*	16'*kk*	13,9	10,7	0,878	0,122	—	13,6	10,6
	—	16'*kk*	18,7	—	—	—	16'*kk*=0,04	—	—
3	*P*	12'*kk*	14,0	10,0	0,845	0,155	—	13,9	10,0
	—	12'*kk*	18,9	—	—	—	12'*kk*=0,03	—	—
4	*P*	8'*kk*	14,6	9,1	0,790	0,210	—	14,5	9,0
	—	8'*kk*	19,1	—	—	—	8'*kk* = 0,02	—	—
5	*P*	6'*kk*+*P*	14,1	8,7	0,785	0,215	—	14,2	8,9
	—	6'*kk*+*P*	12,5	—	—	—	6'*kk*+*P*=0,56	—	—
6	*P*	22'*kk*+*P*	13,1	11,4	0,932	0,068	—	13,2	11,1
	—	22'*kk*+*P*	12,1	—	—	—	22'*kk*+*P*=0,61	—	—
7	2'*kk*+*P*	24'*kk*	14,0	10,3	0,858	0,142	—	13,9	10,1
	2'*kk*+*P*	24'*kk*	12,5	—	—	—	2'*kk*+*P*=0,56	—	—

Betrachten wir zuerst den ersten Versuch No. 1, so waren die Zweige aus 24' *KK* und aus dem Platindraht *P* gebildet; als die 24' *KK* sich allein im Schliessungsbogen befanden, zeigte das Thermometer im Stamm 18,5 an, als dagegen beide Zweige vorhanden waren, sank es auf 13,4 und da zugleich im Platindraht eine Wärmeentwicklung = 11,4 statt fand, so ging durch diesen Draht ein Strom von 0,922 Stärke (den Strom im Stamm = 1 gesetzt) und durch die 24′ *KK* ein Strom von 0,078 Stärke, denn wie gesagt kein bisheriger Versuch hat ein anderes Resultat gegeben, als dass die Summe der beiden Ströme in den Zweigen dem Strome durch den Stamm gleich ist. Da nun der galvanischen Vertheilungsweise gemäss nach den Widerständen 0,56 und 0,06 durch den Kupferdraht etwa $\frac{9}{10}$ und durch den Platindraht $\frac{1}{10}$ des Stromes gehen müssten, so soll nach Herrn Riess die hier vorliegende Abweichung durch einen Nebenstrom bewirkt werden, welchen der durch *KK* fliessende Strom auf seinem eigenen Drahte erregt und welcher durch *P* abströmt. Von dem Nebenstrom lehrt Hr. Riess, dass er mit dem Hauptstrom gleich gerichtet ist und, wenn er in seiner Leitung gehemmt wird, länger als der in particulären Entladungen kommende Hauptstrom andauert und eben dadurch diese particulären Entladungen verzögert. Dieser Fall würde hier in Anwendung kommen. Es dringe also der Strom in *KK* ein d. h. $\frac{9}{10} = a_1$ vom Hauptstrom; dieser erregt sofort einen Nebenstrom, der mit dem vorigen gleich gerichtet ist; seine Stärke sei b; davon ströme der Theil b' gleich lange mit der particulären Strömung a_1, der andere Theil b'' währe länger; durch den Draht *P* geht in der Richtung des Hauptstroms $\frac{1}{10}$ desselben $= a_2$, in gleicher Zeit entgegengesetzt der Nebenstrom b' und dann noch länger während der Theil b''. Nun frägt es sich zunächst, verstärken sich die gleich gerichteten Ströme in demselben Drahte oder vernichten sie sich; und umgekehrt vernichten sich entgegengesetzt fliessende Ströme oder verstärken sie sich? Unmöglich können sich im vorliegenden Falle die gleich gerichteten Ströme verstärken, da sonst die Erwärmung in *KK* grösser nicht geringer werden könnte, wie es die Beobachtung verlangt. Vernichten sie sich aber, so haben wir hier das erste Beispiel von einer Interferenz elektrischer Ströme, die man wohl schwerlich auf eine Hypothese, wie sie hier vorliegt, gestützt annehmen dürfte. Jedoch es werde die Interferenz zugegeben, so geht durch *KK* in gleichen Intervallen mit dem Hauptstrom ein Strom $a_1 - b'$ und durch *P* ein Strom $a_2 + b'$ und ausserdem, wenn der Hauptstrom pausirt, durch beide Zweige ein Strom

b''. Dies gäbe in den Zweigen eine Wärmeentwicklung von $(a_1 - b')^2 + b''^2$ und $(a_2 + b')^2 + b''^2$, also mehr als man jemals beobachtet hat, da nach allen bisherigen Beobachtungen $\sqrt{\vartheta'} + \sqrt{\vartheta''} = \sqrt{\vartheta}$ ist, worin ϑ die Wärmeentwicklung im Stamm und ϑ' und ϑ'' in den Zweigen bedeutet. Will man also einen Nebenstrom haben, so fällt zuvörderst die Annahme fort, dass derselbe länger währt als der Hauptstrom, und damit fällt wieder die darauf gestützte Annahme von particulären Entladungen der Batterie, die ich für meinen Theil ohnedies nicht begreifen kann. Bei der bisherigen Betrachtung habe ich den Fall nicht ins Auge gefasst, dass Herr Riess etwa voraussetzen dürfte, der Nebenstrom in KK hindere den Hauptstrom weiter in diesen Zweig einzutreten und zwinge ihn seinen Weg durch P einzuschlagen; ich glaube jedoch nicht, dass Herr Riess dies voraussetzen wird, weil er sonst den Hauptstrom, grade wie ich es behaupte, direkt durch P gehen liesse und nur die ihn zu diesem Wege zwingende Kraft, die dann keinen Strom weiter gäbe, Nebenstrom nennte, während ich sie als Kraft der freien Spannung aufführe: der ganze Streit liefe hiermit auf einen Wortstreit hinaus und es hätte sich wahrlich nicht der Mühe gelohnt, von einem Nebenstrom zu reden, der nicht zum Strömen gelangt. Wir kehren nach dieser Abschweifung wieder zu unserm Nebenstrom zurück, den wir bereits als einen eine gleiche Zeit dauernden und mit dem Hauptstrom interferirenden erkannt haben. Es geht also durch KK ein mit dem Strom im Stamme gleichgerichteter Strom $a_1 - b = \frac{1}{12}$ oder $\frac{1}{13}$ und durch P ein conträrer $= a_2 + b = \frac{11}{12}$ oder $\frac{12}{13}$ des Hauptstroms (Stroms im Stamme). Diese beiden Ströme bereiten der ganzen Batterieentladung einen Widerstand, der ebenso gross ist als wenn durch beide Zweige eine Stromtheilung im gleichen Verhältnisse statt fände. Also ist wiederum so viel klar, dass für die Wärmeentwicklung im Stamme nichts gewonnen wird, mag man einen Nebenstrom annehmen oder eine einfache Stromtheilung, in jedem Falle kommt das auffallende Resultat, dass die Entladung der Batterie langsamer von statten geht, wenn 24′ KK P und zugleich als Zweige in den Schliessungsbogen eingefügt werden, als wenn die 24′ *KK* allein darin sind. Es tritt aber endlich bei der Annahme eines Nebenstroms noch ein Punkt auf, der mit den Principien der Mechanik streitet. Durch die 24′ *KK* gehen, wie wir annehmen sollen, eigentlich 2 Ströme, die darin interferiren und nach alle dem, was wir unter Interferenz verstehen, bis auf $\frac{1}{12}$ zur Ruhe kommen; wo diese 24′ *KK* in den Stamm hinten einmünden, entspringt der durch den Stamm weiter gehende Hauptstrom = 1 und zugleich ein durch *P* laufender Nebenstrom etwa = $\frac{4}{5}$; wo, fragen wir, ist die Kraft, die diese Ströme unterhält? können sie aus einem Strom entspringen, der selbst nur eine Stärke von $\frac{1}{12}$ besitzt? An der Stelle, wo die Zweige beginnen, ist es ebenso; welche Kraft steht hier dem Hauptstrom = 1 entgegen? sie liegt weder in dem durch *KK* gehenden Strom, dessen Kraft gering ist, noch in dem durch *P* kommenden Stromtheil, der sich nicht gegen den Stamm sondern gegen den Zweig *KK* richtet. Soweit ich die Lehre vom Gleichgewicht der Kräfte kenne, vermag ich mir die hier vorliegende Frage nicht zu beantworten, auch was ich von der Interferenz des Lichtes kenne, giebt mir keine Lösung des Problems. Die Sache würde sich auch nicht anders gestalten, wenn man die Richtung des Nebenstroms änderte; es fiele zwar die Interferenz auf eine gewöhnliche Aufhebung entgegengesetzt fliessender Ströme zurück, aber an den beiden Punkten, wo die Zweige zusammenkommen, würde das Gleichgewicht der Kräfte nicht hergestellt werden. Am Anfangspunkte der Zweige erzeugte noch immer die Kraft des Hauptstroms fast gänzliche Ruhe und die Ruhe bewegende Kraft; am Endpunkte entstände aus dem Nebenstrom fast gänzlicher Stillstand in *KK* und aus diesem Stillstand ein neuer Hauptstrom im Stamm mit der ganzen Kraft. Wahrlich die Sache erledigt sich nicht mit dem einzigen Machtwort, dass ein Nebenstrom vorhanden und die Zurückführung der vorhandenen Ströme auf bestimmte Gesetze unmöglich ist. — Wir wollen noch die übrigen Versuche betrachten, um auf die Grösse des erregten Nebenstroms zu kommen. Aus No. 1, 2, 3, 4, in denen der aus Kupferdraht gebildete Zweig nach und nach verkürzt wurde, ergiebt sich sogleich, dass der Nebenstrom dadurch geringer wird, doch nicht im Verhältniss dieser Länge abnimmt; seine Grösse erlangt man, wenn man den Platindraht nahe $= 2' KK$ setzt und den Nebenstrom aus $\frac{24}{24+2}$, $\frac{16}{16+2}$, $\frac{12}{12+2}$ und $\frac{8}{8+2}$ berechnet; doch möge es noch dahin gestellt bleiben, ob diese Formeln genau sind. Zieht man zur weitern Vergleichung No. 5 und 6 hinzu, wo beide Zweige einen nahe gleichen Widerstand leisten, so geht nach den Widerständen berechnet durch beide Zweige ein gleicher Strom $= \frac{1}{2}$ hindurch; da aber die Wärmeentwicklung in beiden Fällen mit No. 4 und No. 1 übereinstimmt, so müssen die längern Zweige auch jetzt noch einen Nebenstrom erregen, und zwar nahe den halben von früher, der also, da nur der halbe Strom ihn erregt, auf die unverändert gebliebene Nebenstrom erregende Kraft des Zweiges zurückschliessen lässt, und somit zu dem Resultate führt, dass ein Platindraht denselben Nebenstrom erregt wie ein ihm an Länge äquivalenter Kupferdraht. Ist dies aber der Fall und lehrt No. 5, dass die Kürze des Zweiges hierbei keinen Unterschied macht, so finden wir erstens, dass Hr. Riess auch bei seinen kurzen aus schlecht leitenden Drähten gebildeten Zweigen die Nebenströme nicht fortschaffen konnte, wenn solche überhaupt da sind, und zweitens dass auch bei unsern Versuchen der zweite Zweig *P* seinen Nebenstrom erregt, der nur wegen der Länge des andern Zweiges geringer ist. Bestätigt nun noch der Versuch 7, der ähnlich wie No. 3 verläuft, dass die vorher angegebenen Formeln richtig sind, so berechnen wir das Verhältniss des Nebenstroms in Zweig I zu dem ihn erregenden Strom aus $\frac{l'}{l'+l''} : 1$ und in Zweig II aus $\frac{l''}{l'+l''} : 1$, worin l' l'' wie früher die äquivalenten Längen der Zweige bezeichnen. Nach dem galvanischen Gesetz geht durch Zweig I ein Stromtheil $= \frac{w''}{w'+w''}$ und erregt einen Nebenstrom $= \frac{w''}{w'+w''} \times \frac{l'}{l'+l''}$, durch den Zweig *II* geht ein

Stromtheil $= \frac{w'}{w'+w''}$ und erregt einen Nebenstrom $= \frac{w'}{w'+w''} \times \frac{l}{l+l'}$; die durch Interferenz übrig bleibenden Ströme sind daher in Zweig I: $\frac{w''}{w'+w''} - \frac{w''}{w'+w''} \times \frac{l}{l+l'} + \frac{w'}{w'+w''} \times \frac{l'}{l+l'} = \frac{l'}{l+l'}$ und in Zweig II: $\frac{w'}{w'+w''} - \frac{w'}{w'+w''} \times \frac{l'}{l+l'} + \frac{w''}{w'+w''} \times \frac{l}{l+l'}$ $= \frac{l}{l+l'}$, Ströme, die der Beobachtung entsprechen, aber auf die von mir oben aufgestellten Formeln zurückkommen. Soviel bleibt also sicher, dass, mag man Nebenströme annehmen oder nicht, man in beiden Fällen um den Beobachtungen zu genügen auf die von mir aufgestellten Gesetze der Stromtheilung zurückkommen muss, allein in dem einen Falle hat man eine einfache Erklärung aus der Forderung nach dem Gleichgewicht in der freien Spannung und eine nachweisbare Bedeutung der äquivalenten Längen, in dem andern hat man hypothetisch angenommene Nebenströme, einen Verstoss gegen die anerkannten Gesetze der Mechanik und eine willkürliche Einführung der äquivalenten Längen der Zweige. — Wem die vorstehende Erläuterung der Sachlage noch nicht genügen sollte, dem kann ich den folgenden Versuch als ein Problem zur Lösung vorlegen. Ich schaltete in den bisherigen Stamm des Schliessungsbogens und bei gleicher Ladung der Batterie 2 Zweige von 24' *KK* ein, die von beiden Seiten des Stammes geführt waren, um Störungen durch Induction der Zweige auf einander zu verhindern; mitten durch ging als dritter an denselben Stellen entspringender Zweig der Platindraht *P*; die Beobachtung gab im Stamm $\vartheta = 13{,}9$, im Zweig *P* $\vartheta' = 10{,}2$, wofür die Berechnung nach meinen Formeln $\vartheta = 13{,}9$ und $\vartheta' = 10{,}0$ verlangt. Nach der galvanischen Theorie geht durch jeden Kupferzweig nahe der halbe Strom, durch das Platin dagegen ein ganz unbedeutender Stromtheil. Nun erregt nach der Theorie des Hrn. Riess jeder Zweig aus Kupferdraht einen gleich grossen Nebenstrom; dieser gelangt durch jeden Zweig, in welchem er erregt wird, ungestört hindurch und kommt bei den Verbindungsstellen an, wo die drei Zweige entspringen; hier stehen ihm zwei Wege offen, einer durch 24′*KK*, der andre durch *P*. Geht der Nebenstrom vorherrschend durch die 24′*KK* als auf dem Wege, wo er den geringsten Widerstand findet, so bleibt die ganze Stromtheilung fast ungestört, denn die gleichen conträr laufenden Nebenströme heben sich auf, und durch jeden der beiden Zweige von 24′*KK* geht noch immer nahe derselbe Strom, durch den dritten Zweig *P* ein Minimum. Sagt man hingegen, dass von den Verbindungsstellen ab der Nebenstrom unter den beiden Wegen den wähle, welcher den grössten Widerstand bietet, oder dass er sich umgekehrt zu den äquivalenten Längen der beiden Wege vertheile, so genügt man zwar der Beobachtung, stellt aber für den Nebenstrom ein Gesetz auf, das meiner Vorstellungsweise beim gewöhnlichen Strom der Batterie entspricht und mir das Recht sichert, sie bei diesem ebenso wohl als beim Nebenstrome festzuhalten.

VI. Der Nebenstrom.

§. 25. Bei der Betrachtung des Nebenstroms kommen wir auf das Gebiet der elektrischen Induction, wo die Ansichten am weitesten auseinandergehen und wo, weil uns das Wesen der Elektricität noch unbekannt ist, die Hypothese das weiteste Feld sich aufzubauen findet. Da ich nach dem, was ich im Vorworte bemerkte, nur ungern darauf eingehe, meine Vermuthungen und Anschauungsweisen auszusprechen, weil sie, wie ich gern eingestehe, noch nicht fest begründet sind und für mich selbst nur den Werth haben, mir Wege zu neuer Forschung zu zeigen, so bitte ich also auf diese Ansichten nicht zu viel Gewicht zu legen und in ihnen keine volle Gewissheit zu suchen, sondern vielmehr, wie überall, die Aufmerksamkeit auf die Beobachtungen zu richten und hier sorgfältig die Mittel zu prüfen, wie wir aus ihnen sichere Resultate ableiten können. — Theilt man einer isolirten Kugel Elektricität mit, so sagen wir sie sei mit positiver oder mit negativer Elektricität gefüllt oder geladen, und denken uns, dass diese Elektricität gleichmässig vertheilt sich auf der Oberfläche der Kugel befinde. Nun führen uns aber sehr viele Wahrnehmungen zu der Ansicht, dass die Elektricität keine Materie ist sondern nur ein irgendwie erregter Zustand des Körpers, und dass diese Erregung stets polarer Natur ist d. h. dass in den elektrisch erregten Theilchen eine nach zwei entgegengesetzten Seiten entwickelte Kraft auftritt, die nie getrennt, nie nach einer Seite allein entfaltet sein kann. Am leichtesten zu überschauen haben wir eine solche Entwicklung der ebenfalls polaren Kraft des Magnetismus im Stahl oder Eisen, wo wir den Nord- und Südmagnetismus nie von einander trennen, sondern in jedem Theilchen den Gegensatz annehmen und, wenn er von Theilchen zu Theilchen in gleicher Richtung fortschreitet, an den Enden das freie Hervortreten des Nord- und des Südmagnetismus beobachten. Wenn also die elektrische Erregung polarer Natur ist, was bedeutet es nun, dass wir von der Kugel sagen, sie sei z. B. mit positiver Elektricität erfüllt? wo ist die negative Elektricität, die die andere Richtung ist in den erregten Theilchen? In der Kugel kann die negative Elektricität nicht sein, weil sie wenigstens im Centrum frei hervortreten müsste. Es bleibt nach meiner Ansicht kein anderer Ausweg übrig, als dass wir mit Faraday rings um die Kugel strahlenförmig die von ihm sogenannten Kraftlinien ansetzen, Linien, in welchen sei es im Aether oder in der Luft die polare Erregung von Theilchen zu Theilchen fortschreitet, und die mit ihren freien Enden sich an die Oberfläche der Kugel festgesetzt und sie ergriffen haben. Erregung von Elektricität wäre dann nichts anders als durch Reibung erzeugte und durch die Bewegung der reibenden Flächen von einander getrennte Kraftlinien, so dass sie mit dem einen Ende an der einen, mit dem andern an der andern Fläche hafteten; Mittheilung von Elektricität wäre nichts anders als Mittheilung solcher Kraftlinien, die je nach der Grösse der Oberfläche sich mehr oder weniger ausbreiten und dadurch mehr oder weniger an innern Zusammenhang abnehmen. Kommen zwei Systeme solcher Kraftlinien sich in ihren Bereich, so streben sie aus einander und bringen damit das Auseinanderweichen der gleich elektrischen Körper zu Wege; sind diese klein und als Punkte anzusehn, so nimmt die abstossende Kraft im Quadrat der Entfernung beider Centra von einander ab (Coulombs Gesetz). Kommt dagegen ein nicht elektrischer Körper, der selbst der leichten Aufnahme des elektrischen Zustandes fähig oder ein Leiter ist, in den Bereich der Kraftlinien eines positiv elektrischen Körpers, so setzen diese, wo sie unterbrochen werden, mit ihren negativen Enden sich darauf fest und gehen nicht mehr in der alten Richtung weiter, sondern es entwickelt sich am Leiter nach allen Seiten hin ein neues System von Kraftlinien, das mit den positiven Anfängen an ihm haftet und ihn somit in den positiv elektrischen Zustand versetzt. Bringt man an diesen auf die eben genannte Weise durch Induction elektrisirten Körper einen neuen Leiter heran, so theilt sich ihm die positive Elektricität mit oder das System der nach allen Seiten hin ausgehenden Kraftlinien; steht die Leitung mit dem Erdboden in Verbindung, so verschwindet die positive Elektricität gänzlich. Die mit ihren negativen Enden aufsitzenden Kraftlinien dagegen sind, weil sie an dem inducirenden Körper haften, durch Ableitung nicht zu entfernen, und man sagt, die negative Elektricität sei gebunden. Diese gebundenen Kraftlinien, die nun auch Kraftlinien des zweiten Körpers sind aber doch nur in Bezug auf den ersten, werden mit einer bestimmten rückwirkenden Kraft vom zweiten Körper aus auch an dem ersten gehalten und werden dann ebenfalls für diesen gebunden; dadurch wird auf ihm ein Theil der Kraftlinien mit ihrem Streben nach allen Seiten absorbirt, oder mit andern Worten die Stärke (Intensität) seiner freien Elektricität wird erniedrigt. Dieses sich gegenseitige Binden der Kraftlinien findet schnell seine Grenze, wenn auf dem zweiten Körper die freien Kraftlinien bleiben und die Kraftlinien des ersten Körpers von ihrer Richtung nach dieser Seite ablenken; leitet man dieselben ab, so tritt ein neues Binden ein und es würde ein abermaliges Auftreten freier Elektricität an dem zweiten Körper erfolgen, wenn nicht der ganze Process so schnell verliefe, dass die erste Ableitung noch währt, wenn der ganze Hergang des gegenseitigen Bindens bereits vollendet ist. Denken wir uns also die Scheibe *A* (Fig. 9) gefüllt mit einem bestimmten Quantum positiver Elektricität, so gehen die Kraftlinien nach allen Seiten hin, nur wegen der gegenseitigen Einwirkung auf einander mit stärkerer Kraft von den Rändern aus; wird eine zweite nicht isolirte Scheibe *B* bis auf eine Entfernung davorgestellt, die noch keinen unmittelbaren Uebergang zulässt, so setzen sich die Kraftlinien von *A* als gebundene negative an *B* fest, und weil sie von *B* rückwärts gehalten auch an *A* als positive gebunden werden, und diese hier gebundenen Linien sich durch Heranziehen der übrigen vermehren, so sinken die freien Kraftlinien auf *A* zusammen und die Scheibe verliert einen Theil ihrer freien Spannung. Wie viel Elektricität auf *B* gebunden wird, lässt sich, soviel ich absehe, auf zwei verschiedene Weisen mit ziemlich gleichem Erfolge nachweisen. Beim ersten Verfahren theilt man der Scheibe *A* ein bestimmtes Quantum positiver Elektricität mit und ermittelt die Intensität einer bestimmten Stelle z. B. des Centrums durch Uebertragung auf eine Coulombsche Drehwage; darauf stellt man die gleich grosse isolirte Scheibe *B* in eine vorher gemessene Entfernung davor und leitet die frei gewordene Elektricität ab; man entfernt dann *A* und bestimmt die Intensität der freien negativen Elektricität auf *B* ebenfalls am Centrum. Das Verhältniss beider Intensitäten giebt das Verhältniss der auf *B* gebundenen Elektricität und durch wiederholte Versuche bei verschiedenen Distanzen der Scheiben von einander die Abnahme derselben mit der Entfernung. Es ist dies das Verfahren des Hrn. Riess. Dies Verfahren giebt jedoch das Abnahmegesetz nicht scharf genug, wenn mit der Scheibe *A* noch ein besonderer Leiter z. B. ein Draht abwärts von *B* verbunden ist. Denn da die auf *A* vorhandene freie Elektricität auch diesen Leiter erfüllen muss, so ist der Theil, welcher hierauf verwandt wird, grösser bei höherer, kleiner bei niedrigerer Intensität, und es geht somit, je weiter die Scheiben von einander stehen, ein desto geringerer Theil der vorhandenen Elektricität in den Process des wechselseitigen Bindens ein, d. h. die Abnahme der gebundenen Elektricität erfolgt in diesem Falle schneller als da, wo kein solcher Leiter an *A* hinzugefügt worden ist. Selbst dass an der von *B* abgewandten Seite der Scheibe *A* freie Kraftlinien bleiben, modificirt in etwas das Gesetz der Abnahme, indem streng genommen alle Elektricität von *A* in den Process des Bindens eingehen sollte. Das andere Verfahren, das ich angewandt und in Grunerts Archiv Th. XIX. p. 53 beschrieben habe, besteht darin, dass man nach Fig. 10 die isolirte Scheibe *A* durch einen beliebigen Draht *M* mit dem Conductor *L* der Elektrisirmaschine verbindet, von *M* einen Draht bis zum Funkenmesser *C* leitet, dessen zweite Kugel durch *D* mit dem Erdboden in leitender Verbindung steht, und von der ebenfalls isolirten Scheibe *B* einen Draht nach dem zweiten Funkenmesser *E* führt, dessen abgewandte Kugel durch *F* auch eine Ableitung zum Erdboden hat. Stehen beide Scheiben bis zur metallischen Berührung an einander und wird die Maschine gedreht, so geht die Elektricität über *M* bis *C* und *E*, indem sie von Theilchen zu Theilchen negative Elektricität heranzieht und die positive forttreibt; ist die positive intensiv genug, so überspringt sie den Raum zwischen den Kugeln bei *C* oder *E* und geht zum Erdboden; ist die Distanz der Kugeln bei *C* und *E* gleich, so schlagen an beiden Stellen die Funken mit gleicher Leichtigkeit über. Entfernt man hierauf *B* von *A*, so wird die Zersetzung auf *B*, welche freie positive Elektricität lieferte, jetzt durch die hinüberschlagenden Kraftlinien bewirkt und mit desto geringerer Stärke vor sich gehen, je weiter die Scheiben von einander entfernt stehen. Man misst die Kraft und damit die Stärke der Induction, wenn man die Kugeln *E* soweit einander nähert, bis der erste kleine Funke positiver Elektricität über dieselben springt. Das Verhältniss der Intensität der über *E* und der über *C* schlagenden Funken ist dann das Verhältniss der Inductionskraft oder das Verhältniss der auf *B* gebundenen Elektricität; es ist hier im strengsten Sinne ermittelt, weil die

Maschine hinreichende Elektricität hergiebt, um sowohl die freien Kraftlinien an allen Theilen der Scheibe A und des mit ihr verbundenen Apparats als auch die von A auf B laufenden Kraftlinien auf derjenigen Intensität zu erhalten, welche der Funkenmesser C anzeigt. Da der Draht von B nach E bei verschiedener Intensität der darüber eilenden positiven Elektricität ein etwas ungleiches Hinderniss darbieten könnte, so halte ich es bei den Beobachtungen für sicherer, den Abstand der Kugeln E constant zu erhalten und dafür nach und nach die Kugeln C soweit von einander zu entfernen, bis sich der erste Funke über E zeigt. In dieser Weise habe ich meine Versuche durchgeführt. Die dazu angewandten zinnernen Scheiben hatten nahe $18\frac{3}{4}$ Zoll Durchmesser und die Resultate, die sich übrigens nicht änderten, wenn die verbindenden Drähte verändert wurden, waren scharf zu erlangen. Sie gaben eine mit der Entfernung zwischen B und A so stetig wachsende Zunahme der Intensität der über den Funkenmesser C schlagenden Funken, dass die inducirende Kraft m (auf die Kraft bei Berührung der Scheiben als Einheit bezogen) ohne weitere Mühe unter die Formel $m = \frac{a}{b + x}$ gestellt werden konnte, worin x die veränderliche in Linien gemessene Distanz der Scheiben und a und b Constanten ausdrücken, die nach den Beobachtungen die Werthe 37 und $37\frac{1}{2}$ hatten. Die auf B von der Scheibe A übergehende Inductionskraft sinkt also von 1 bei der Berührung auf die Hälfte herab bei einer gegenseitigen Entfernung der Scheiben von 37 Linien, auf $\frac{1}{3}$ bei einer Distanz von 74 Linien u. s. w. Auch meine frühern Beobachtungen über die Quantität der gebundenen Elektricität, die ich in Pogg. Ann. Bd. 58 p. 214 bekannt gemacht und unter eine empirische Formel gestellt hatte, bestätigen die Gültigkeit der neuen Formel, nur hat b bei den damals gebrauchten kleinen Kugeln den Werth 21,9. — Wenngleich bei den grossen Scheiben die inducirende Kraft langsam genug abnimmt, so ist ihre Stärke doch immer noch zu gering, um bei 1 bis 2 Linien Distanz der beiden Scheiben eine nur etwas erhebliche Ladung derselben hervorzubringen;

vergleiche ich damit die Ladung einer meiner ältern Flaschen oder auch nur einer der neuern, die ein an 3 Linien starkes Glas haben und die an Fläche der Belegung noch nicht einmal den Scheiben gleich kommen, so kann ich, wie ich schon §. 2 äusserte, keineswegs die Vermuthung zurückdrängen, dass auf die Kraft des gegenseitigen Bindens sowohl die Form der sich gegenüberstehenden Leiter als auch die Natur des sie trennenden Nichtleiters von Einfluss ist. — Gegen die mitgetheilte Ansicht von Kraftlinien zwischen den Scheiben *A* und *B*, welche als nächste Consequenz in sich schliesst, dass eine dritte Scheibe *C* hinter *B* gestellt nicht direkt von *A* afficirt werden könne, scheint mir der bedeutendste Einwurf der zu sein, dass die nicht isolirte Scheibe *C* in der genannten Lage gebundene Elektricität erhält und zugleich die durch die Kraftlinien vermittelte Anziehung zwischen *A* und *B* vergrössert. Den Einwurf zu beseitigen, müssen wir wieder mit Faraday annehmen, dass sich in einen noch leeren Raum die Kraftlinien in krummen Bahnen hineinziehen. Könnte nun nachgewiesen werden, dass *C* jemals gebundene positive Elektricität erhält, so müsste die Einwirkung von *B* ausgehen; da aber *C* erst in einem gewissen nach Umständen nicht unbeträchtlichen Abstand von *B* gebundene negative Elektricität empfängt, so genügen dazu die von *A* ausgehenden gebogenen Kraftlinien, die abgesehn von den nach *B* direkt verlaufenden noch immer von dieser Scheibe ausgehen. Ja wirkten *B* und *A* nach der gewöhnlichen Theorie zugleich auf *C* ein, so müsste man, auch wenn die Rechnung der Schwierigkeiten wegen nicht streng durchzuführen wäre, doch nach einem Ueberschlage annehmen, dass auf *C* dicht hinter *B* positive Elektricität gebunden würde, was keine Beobachtung bisher bestätigt hat. Wenn wir *B* näher an *A* rücken sehen, sobald *C* hinter *B* gehalten wird, so finde ich den Grund darin, dass *C* diejenigen von *A* ausgehenden Kraftlinien auf sich ablenkt, welche sich vorher um den Rand von *B* bogen und an der hintern Fläche dieser Scheibe hafteten; ihrer Krümmung nach zogen sie rückwärts und demnach geht

B nach *A* zu, wenn sie durch die näher gerückte Scheibe *C* entfernt werden.

§. 26. Spannt man zu einem gradlinig ausgestreckten Theil *AB* (Fig. 11) des Schliessungsbogens der Batterie *C* parallel einen andern Draht *EF* in einer beliebigen doch nicht zu grossen Entfernung aus, so zeigt sich auf diesem, während die Batterie entladen wird, eine eigenthümliche elektrische Erregung; man beobachtet am ganzen Drahte freie positive Elektricität, die sich von *F* nach *E* zu an Intensität steigert, also in derselben Richtung wie die freie Elektricität auf *AB*. Doch in dieser freien Elektricität allein kann die Erregung wohl kaum bestehn; denn verbindet man die Enden *E* und *F* vermittelst Drähte mit einem Funkenmesser, so zeigt der überschlagende Funke nicht bloss den Spannungsunterschied zwischen *E* und *F* an, sondern zugleich, weil er kräftig aushält, eine continuirliche Strömung, Nebenstrom genannt, die sicher nicht eintreten könnte, ginge ihr nicht eine eigenthümliche innere Spannung der Theilchen in *EF* voran. Es ist hier leichter zu sagen, worin diese Spannung nicht besteht, als anzugeben, wie sie beschaffen sein möchte. Nach der gewöhnlichen Annahme scheidet der von *C* durch *A* und *B* nach *D* verlaufende Strom positiver Elektricität den indifferenten Zustand auf *EF* und treibt nach der einen Seite positive, nach der andern negative Elektricität hinaus; er scheidet mit desto grösserer Gewalt, je schneller und mit je grösserer Intensität er über *AB* dahinfährt. Diese Ansicht ist sicher irrig. Denn wäre sie richtig, so müsste aus *E* positive aus *F* negative Elektricität oder umgekehrt herausspritzen und zwar mit grosser Kraft, namentlich wenn die Enden in Spitzen verlaufen. Allein dies Hervorströmen der Elektricität ist kein so gewaltsames und dazu ist es an beiden Enden stets positive Elektricität, welche z. B. Staubfiguren erzeugen kann. Ferner wäre ein solches Scheiden der entgegengesetzten Elektricitäten der Fall, so müsste nicht nur die Circulation des dadurch erregten Stromes desto gewaltiger erfolgen, wenn man den Abfluss oder die Ausgleichung der beiden Elektricitäten beschleunigte, sondern die Wirkung des Hauptdrahts auf den Nebendraht müsste auch unter dieser Bedingung am langsamsten mit der gegenseitigen Entfernung der beiden Drähte von einander abnehmen. Allein möge man die beiden Endpunkte von *EF* ableitend mit dem Erdboden oder unter sich selbst mit dem kürzesten Drahte verbinden, der erregte Nebenstrom wird bei weitem nicht die Kraft erlangen, als wenn man die Enden durch zweckmässig gewählte Drahtlängen mit der innern und äussern Belegung einer neuen isolirten Batterie (Nebenbatterie) vereinigt. Während in dem ersten Fall der einfache Nebenstrom nie stärker wird als der Hauptstrom und bei 2 Zoll Distanz der Drähte schon um mehr als die Hälfte abnimmt, lässt sich in *EF* mit einer passenden Nebenbatterie ein zwei- drei- oder mehrfach stärkerer Strom als in *AB* erregen und der vielleicht bei 2 Fuss gegenseitigem Abstand der Drähte erst bis auf die Hälfte vermindert ist. Die Nebenbatterie kann aber nach den herkömmlichen Ansichten nicht stärker die entgegengesetzten Elektricitäten von *E* und *F* ableiten als ein kurzer sie verbindender Draht, ja sie kann es um so weniger leisten, als sie doch auch geschlossen ist und, wie man vermuthen sollte, kaum eine Ladung in sich aufzunehmen vermag. Soviel ist sicher, die Wirkung von *AB* auf *EF* ist nicht eine trennende in den Richtungen nach *E* und *F*, sondern eine längs *EF* liegende, die eine bestimmte Anordnung der Theilchen erzeugt und unterhält, welche bei günstigen Umständen in eine lebhafte Strömung übergehen kann. Gehen wir auf den Hauptstrom in *CABD* zurück, so haben wir darin zwischen Theilchen und Theilchen ein fortlaufendes Entstehen des Gegensatzes zwischen positiver und negativer Elektricität und eine fortlaufende Lösung dieses Gegensatzes unter Wärmeentwicklung, also wie ich es bezeichnen will eine fortlaufende Kette, die in sich arbeitet und von freier von *C* bis *D* abnehmender Spannung begleitet ist. Eine ähnliche Kette haben wir aber auch im galvanischen Strom, nur begleitet von einer freien Spannung geringerer Intensität. Ich glaube nicht, dass der Hauptunterschied dieser beiden Ketten in dieser ungleichen Intensität der freien Spannung liegt, weil sonst beide wenn auch nicht dem Grade doch der Art nach gleiche Nebenströme hervorbringen müssten, sondern ich finde ihn vielmehr darin, dass beim elektrischen Strom die beiden Endpunkte der Kette durch einen Nichtleiter getrennt, beim galvanischen dagegen durch einen Leiter verbunden sind. Während wir so an den Endflächen des elektrischen Stroms Erregungen haben, die nicht in den Körpern haften, die zum Schliessungsbogen gehören, sondern in nach aussen gerichteten Kraftlinien, ist die ganze elektrische Erregung des galvanischen Stroms in dem Schliessungsbogen (die wirkenden Elemente eingerechnet) umschlossen. Der galvanische Strom hat dadurch mehr Aehnlichkeit mit einem Magnetstabe, in welchem auch die polare Vertheilung von Theilchen zu Theilchen fortschreitet, ohne dass noch anderswo der Sitz der Erregung gesucht werden müsste; ihre Aehnlichkeit ist so gross, dass die Gesetze, nach welchen beide, der galvanische Strom und der Magnetstab, inducirend wirken, so nahe mit einander übereinkommen, dass man ohne Weiteres den einen Erreger für den andern substituiren kann. Legen wir nun dem elektrischen Strom wieder Kraftlinien bei, die sich nach allen Seiten verbreiten und den Nebenstrom hervorrufen, so werden wir dieselben, so wenig wir auch die Art solcher Linien jetzt schon zu begreifen im Stande sind, doch von den magnetischen und den galvanischen unterscheiden müssen, da sie andere Wirkungen und nach andern Gesetzen in der Ferne hervorbringen, wir werden sie aber ebenfalls auch von den früher erwähnten Linien der ruhenden Elektricität zu sondern haben, weil sich im Schliessungsdraht doch immer eine Kette bildet, die von Theilchen zu Theilchen den polaren Gegensatz entwickelt und nur an den Endflächen die aussen liegenden Kraftlinien besitzt; der eigenthümliche Charakter der der strömenden Elektricität zukommenden Kraftlinien muss eben in der Verschmelzung der gewöhnlichen elektrischen mit den galvanischen Linien gesucht werden. Aus den nachher zu erwähnenden Versuchen entnehme ich, dass die Kraftlinien der strömenden Elektricität darin mit denen der ruhenden Elektricität übereinkommen, dass sie sich ebenfalls an einen neuen Leiter anknüpfen und in ihm eine Kette erzeugen; wird diese geschlossen, so erhält sie Stromkraft und bindet dann wieder den Hauptstrom in der Weise, dass er seine Kraft nicht blos auf sich sondern zugleich continuirlich auf den Nebenstrom richtet; beide Wirkungen zusammen liefern erst die Totalwirkung der sich entladenden Batterie. Eine zweite Aehnlichkeit beider Arten von Kraftlinien finde ich darin, dass die Induction auf den parallel gespannten Draht nach demselben Gesetze abnimmt, wie die Induction von einem elektrischen Conductor auf einen andern, wie von einer elektrischen Scheibe auf eine andere Scheibe. Nur macht es hierbei einen Unterschied, ob der inducirte Strom, wie es beim gewöhnlichen Nebenstrom statt findet, in sich metallisch geschlossen ist, oder ob die Enden des parallelen Drahtes durch eine neue isolirte Batterie verbunden sind; in dem ersten Falle hat der inducirte Strom mehr Aehnlichkeit mit dem galvanischen und der Anschluss der Kraftlinien wird dadurch erschwert; der Nebenstrom wird weder kräftig noch erhält er sich in einer einigermassen bedeutenden Stärke bei grössern Distanzen der beiden parallel zu einander gespannten Drähte; in dem andern Falle erlangt der inducirte Strom, weil auch bei ihm die Enden des Drahts durch eine Glasfläche unterbrochen sind, eine völlige Uebereinstimmung mit dem erregenden oder dem Hauptstrome; stimmen dann nur noch die übrigen Verhältnisse soweit zusammen, um zwischen den beiden Strömen eine vollkommne Harmonie zu erzeugen, so schliessen sich die Kraftlinien enger und fester an, die Nebenströmung wird lebhaft und vermindert sich selbst bei grössern Distanzen der beiden parallelen Drähte nur langsam. Einen Unterschied aber zwischen den Kraftlinien der strömenden und der ruhenden Elektricität erkenne ich darin, dass bei dieser der inducirte Leiter, sofern er nicht isolirt ist, nur in Wechselwirkung mit dem inducirenden steht und weiter keine Wirkungen nach aussen äussert, dass dagegen der inducirte Nebenstrom mit derselben Thätigkeit nach aussen auftritt wie der Hauptstrom und demnach auf andere Leiter inducirend zu wirken im Stande ist. — Doch wir wollen die theoretischen Speculationen verlassen und uns zu den Versuchen und den Resultaten wenden, welche sie liefern.

§. 27. Ist der isolirte Draht *EF* zu einem Theil des Schliessungsbogens *AB* (Fig. 11) parallel gespannt, so haben wir durch Versuche zu ermitteln, welches Verhältniss m die zwischen seinen Endpunkten erregte Spannungsdifferenz zur erregenden auf *AB* als Einheit hat, und nach welchem Gesetze dieses Verhältniss mit der Entfernung der Drähte von einander abnimmt. Ich habe in zwei Versuchsreihen (Pogg. Ann. Bd. 66 p. 235 und Bd. 70 p. 255) diesen Gegenstand behandelt; in der ersten habe ich aus der freien Elektricität, welche aus einer Spitze bei *E* ausströmt, in der andern aus den bei der Verbindung von *E* und *F* über den Funkenmesser schlagenden Funken die Verhältnisszahl m und ihre Abnahme mit der Distanz der Drähte aufgesucht. Beide Versuchsreihen haben mir das Resultat geliefert, dass m in derselben Weise abnimmt wie die auf einer kleinen Kugel gebundene Elektricität. Da ich nun früher, wie ich schon bemerkt habe, die Quantität dieser gebundenen Elektricität unter eine empirische Formel gestellt und demgemäss dieselbe auch hier für m angewandt hatte, so würden jetzt, wo ich m durch eine einfache allgemein gültige Formel ausdrücke, die Beobachtungen nochmals nach der Formel $m = \frac{a}{b + x}$ zu berechnen sein; bezeichnete hierin x die Distanz der Drähte in Linien, so würde b etwa 21 und a 17—18 werden. Die Induction nimmt somit ziemlich schnell ab, sie sinkt bei einer Distanz von etwa 21 Linien bereits auf die Hälfte herab. Leider sind die Beobachtungen, welche zu einer genauen Feststellung der beiden Constanten a und b dienen können, mit besondern Misslichkeiten verknüpft; die Versuche, wo die Elektricität aus der Endspitze spritzt, liefern keine recht scharfen Angaben, und die Bestimmung der Spannungsdifferenz zwischen *E* und *F* lässt sich entweder nur durch sehr lange Verbindungsdrähte von den Endpunkten bis zum Funkenmesser erzielen, wenn die parallelen Drähte ihrer ganzen Länge nach gespannt bleiben und keine störenden Inductionen eintreten sollen, bei welchem Verfahren dann alle die §. 9 erwähnten Uebelstände vorkommen würden, oder man muss die parallelen Drähte

U förmig biegen, um E und F einander näher zu bringen, wobei dann aber wieder neue Uebelstände auftreten. Die Beobachtungen lehren nämlich, dass auch der Schliessungsdraht der Batterie inducirend auf sich selbst wirkt, d. h. wenn zwei Stücke des Schliessungsbogens parallel zu einander laufen und der Strom beide in gleicher Richtung durchströmt, so wird durch die eintretende Induction die Spannungsdifferenz auf diesen Stücken vergrössert, und umgekehrt, wenn der Strom in entgegengesetzer Richtung durch sie fliesst, so wird die Spannungsdifferenz vermindert (vergl. Pogg. Ann. Bd. 70 p. 106). Auch diese Zunahme und Abnahme der Spannungsdifferenz steht unter den Gesetzen, welchen ein getrennter isolirter Draht folgt. Biegt man also den Schliessungsbogen U förmig um, so verliert er einen Theil seiner ursprünglichen Spannungsdifferenz, er erlangt gleichsam eine kleinere Länge; diese muss bei der Verhältnisszahl m berücksichtigt werden und zieht, weil sie ebenfalls nicht scharf genug angegeben werden kann, ungenaue Werthe für a und b herbei. Nehme ich indess die Resultate hinzu, welche die mittelst des Luftthermometers im Nebenstrom angestellten Beobachtungen gegeben haben, so glaube ich soviel festsetzen zu können, dass sich die Constanten in der Formel für m unter den verschiedensten Umständen grade nicht bedeutend ändern und sich somit nicht viel von den oben angegebenen Werthen entfernen; längere und schlechter leitende Schliessungsdrähte mögen dieselben etwas verringern, auch sind sie kleiner für die Induction des Schliessungsbogens auf sich selbst; ob sie sich dagegen mit der Länge der zu einander parallel gespannten Drähte verändern, dürfte noch eine genauere Untersuchung erfordern.

§. 28. Wenn man die Endpunkte E und F des gespannten Drahtes mit einem andern Drahte (Zweigdraht) verbindet, so entsteht im ganzen geschlossenen Ringe der Nebenstrom, den man mit einem in den Zweigdraht eingefügten Luftthermometer beobachtet. Ehe wir Näheres über ihn anführen, müssen wir uns über eine Differenz zwischen meiner Ansicht und der des Herrn Riess verständigen, weil erst nach ihrer Lösung gültige Resultate aus den Beobachtungen gezogen werden können. Die Lösung der Differenz nach der einen oder der andern Seite entzieht oder giebt vielen Beobachtungsreihen ihren Werth für die Wissenschaft. Herr Riess sagt §. 811 seines Lehrbuchs: Die Stärke des Nebenstroms wird der Erwärmung proportional gesetzt, welche er in einem constanten Drahte hervorbringt; ich sage dagegen: Die Stärke des Nebenstroms in ihrem Verhältniss zur Stärke des Hauptstroms ist der Quadratwurzel aus dem Verhältniss der Erwärmungen proportional, welche beide Ströme in gleichen Drähten hervorbringen. Mit andern Worten — nach Hr. Riess ladet man die Batterie auf constante Weise und entladet sie durch einen unveränderten Schliessungsbogen; man bestimmt den Nebenstrom, den sie erzeugt, durch die Angabe eines Luftthermometers und vergleicht die Stärke verschiedener Nebenströme, die durch Abänderung des gespannten Drahtes oder des Zweigdrahtes entstehen, unmittelbar nach den Zahlen, welche das Thermometer geliefert hat; Beobachtungen im Hauptstrome werden hierzu gar nicht erfordert. Nach meiner Ansicht hat man bei verschiedenen Nebenströmen das Thermometer sowohl im Haupt- als im Nebenstrome zu beobachten, die letztern Zahlen mit den erstern, wie sie zusammengehören, Paar für Paar zu dividiren und aus den Quotienten die Quadratwurzel zu ziehen; erst diese Wurzeln bieten dann die Stärke der Nebenströme (wenn der Hauptstrom = 1 gesetzt wird) und dienen zur Vergleichung derselben unter einander. Dass nach beiden Berechnungsweisen ganz verschiedene Resultate aus denselben Versuchen erhalten werden, ist ohne Weiteres ersichtlich, und somit wird man sich für die eine oder die andere entscheiden müssen. Ich glaube ein specieller Fall kann leichter eine Verständigung herbeiführen. Die Batterie *A* (Fig. 12) sei mit dem Schliessungsbogen *ABCDE* versehen und darin mit dem Thermometer *D*; zu *BC* parallel sei in constantem Abstand *FG* ausgespannt und mit dem Draht *FHG* geschlossen, worin *H* ein gleiches Thermometer wie *D* bezeichnet, das auch durch den darin enthaltenen Platindraht ersetzt werden kann; es komme darauf an die Stärke der Nebenströme mit einander zu vergleichen, die entstehen, wenn entweder der Zweigdraht *FHG* oder ein anderer, der aus zwei solchen Drähten besteht, die Endpunkte *F* und *G* verbindet. Lässt man zunächst den einfachen Zweigdraht bleiben, so ändert sich die Stärke des Nebenstroms, wenn die Batterieladung verändert wird; sie wächst ebenso wie die Stärke des Hauptstroms, was auch natürlich ist, da der Hauptstrom den Nebenstrom erregt. Die Angaben des Hrn. Riess kommen hiermit überein. Aendert man jetzt den Schliessungsbogen der Batterie, indem man seinen Widerstand nach und nach vermehrt, so entwickelt bei constanter Ladung der Batterie der Hauptstrom weniger Wärme und damit nimmt auch die Wärmeentwicklung im Nebenstrom ab; es bleiben nach meinen Erfahrungen beide Wärmeentwicklungen einander proportional, es sei denn dass eine sehr geringe Differenz statt fände. Auch Hr. Riess hat die Abnahme des Nebenstroms bei vermehrtem Widerstand im Schliessungsbogen der Batterie wahrgenommen. Lassen wir endlich die Ladung der Batterie und ihren Schliessungsbogen unverändert, verändern dagegen den Zweigdraht *FHG*, so wird die Wärmeentwicklung im Hauptdrahte geändert, also der Strom der Batterie beschleunigt oder verlangsamt. Auch dies bestätigen die Beobachtungen des Hrn. Riess. Nehmen wir hiernach die beiden Zweigdrähte, von denen der eine der doppelte des andern ist und setzen voraus, dass mit der Einführung des längern der Hauptstrom verlangsamt wird, dürfen wir jetzt, so lautet die Frage, als Grösse der Nebenströme die Angaben des Thermometers in den Zweigdrähten unmittelbar benutzen und aus ihnen das Verhältniss beider Ströme berechnen, oder müssen wir nicht berücksichtigen, dass bei dem einen die Wärmeentwicklung im Hauptstrom stärker ist als bei dem andern, und dass der stärkere Hauptstrom auch einen relativ stärkern Nebenstrom erzeugen wird; müssen wir also nicht zuvor die Wärmeangaben im Nebenstrom mit den Wärmeangaben im Hauptstrom dividiren, um beide Nebenströme auf eine gleiche Einheit des erregenden Stroms zurückzuführen? Nach meiner Ansicht ist dies nothwendig, ja es ist so unabweisbar nothwendig, dass ich kaum einsehe, worauf eine abweichende Meinung sich stützen kann; wir thun ja dasselbe überall bei Wirkungen, die von bestimmten Kräften hervorgebracht werden, wir vergleichen erst die Wirkungen mit einander, wenn wir sie auf gleiche erzeugende Kräfte zurückgebracht haben. Sollte sich vielleicht Hr. Riess dadurch haben leiten lassen, dass die Ladung der Batterie constant bleibt und durch einen unveränderten Schliessungsbogen hindurchgeht, also durchgängig einen gleichen Strom erzeugt? dann hätte er nur nicht selbst angeben müssen, dass der Hauptstrom durch verschiedene Nebenströme verschieden gehemmt wird und dass gehemmte Ströme schwächere Nebenströme erregen. Seine Ansicht hier kommt ganz mit seiner Ansicht bei der Stromtheilung überein, wo ein Strom immerfort einen gleichen Strom induciren soll, wenn er selbst auch durch diesen mehr oder weniger aufgehoben wird; ich finde in beiden Fällen eine Verletzung der Sätze vom Gleichgewicht der Kräfte. Soviel über diesen Punkt. Die andere Angabe, dass die Wärmeentwicklung die Stromstärke ausdrücke, ist mir jedenfalls noch auffallender. Hat doch Hr. Riess, wenn wir auch alles andere übergehen, es selbst gesehen, dass in jedem von zwei gleichen Zweigen, worin der Strom einer Batterie sich spaltet, nur der vierte Theil der Wärme entsteht als im Stamm der Leitung, und muss er demnach nicht einräumen, dass weil doch in jedem Zweige die halbe Stromstärke ist, die Wärmeentwicklung im Quadrat der Stromstärke erfolgt? sollte der Nebenstrom eine Ausnahme machen und bei ihm nicht auch die Wärmeentwicklung proportional zum Quadrat der Stromstärke bleiben? Ich wüsste nicht, woraus man die Abweichung von diesem auch für den galvanischen Strom geltenden Gesetze herleiten wollte. Dies wären die Gründe, warum ich der Ansicht des Hrn. Riess nicht beipflichten kann, und weshalb ich viele von ihm mitgetheilte Versuchsreihen für unbrauchbar halte, da in ihnen die Angabe der Erwärmungen im Hauptstrom fehlt. Indess glaube ich kaum, dass Hr. Riess sich dadurch bewogen finden wird seine Ansicht aufzugeben, weil es jedesmal schwer ist Beobachtungen fallen zu lassen, die man angestellt und aus denen man Resultate gezogen hat, namentlich wenn die Resultate die einmal gefasste Ansicht zu bestätigen scheinen. Ich gehe deshalb auf einen Versuch des Hrn. Riess über. Er hatte (§. 860 s. Lehrb.) in dem Schliessungsbogen der Batterie zwei grosse Inductionsscheiben (flache Spiralen), zwei andere Spiralen in dem Nebendraht, die hier durch andere Drähte und das Luftthermometer zu einem Ringe geschlossen waren. Die Spiralen konnten paarweise einander gegenübergestellt werden und zwar so, dass erstens die Induction durch das erste Paar allein, zweitens durch das zweite allein, endlich durch beide Paare zugleich erfolgte. Die Beobachtungen in den beiden ersten Fällen gaben ziemlich gleiche Zahlen am Thermometer und im dritten Falle nahe die Summe beider Zahlen. Dieser Versuch bestätigt, wie es scheint, die Ansicht des Hrn. Riess vollkommen; jede Spirale inducirt in der gegenüberstehenden einen Strom, beide zusammen den doppelten Strom, den die nahe doppelte Wärmeentwicklung anzeigt. Ich fordere nun Hrn. Riess auf, in den Schliessungsbogen der Batterie nach und nach einen grössern Widerstand durch Platin- oder Neusilberdraht hineinzubringen und die Beobachtungen ganz in derselben Weise anzustellen, nur die Ladung der Batterie bei vermehrtem Widerstande des Schliessungsbogens zu erhöhen oder die Flaschenzahl in der Batterie zu vergrössern, damit die Thermometerangaben im Nebenstrom nicht zu gering ausfallen. Sollte er jetzt noch bei der vereinigten Wirkung beider Spiralen die doppelte Wärmeentwicklung erhalten, so räume ich ihm gern ein, dass seine Ansichten gelten, findet er dagegen, wie ich es ihm versichere, dass die Wärmeentwicklung bei zwei Spiralen das Doppelte der Wärmeentwicklung bei einer Spirale übersteigt und mit mehr und mehr vergrössertem Widerstand sich nach und nach bis zum Vierfachen derselben als dem Grenzwerthe steigert, so hoffe ich, dass er die Wärmeentwicklung nach dem Quadrat der Stromstärke gelten lassen wird. Wollte er übrigens im Haupt- und im Nebenstrome zugleich beobachten und die Wärmeentwicklung im Nebenstrom auf die im Hauptstrom beziehen, so würde er auch schon bei einem Versuche finden, dass die relative Wärmeentwicklung bei zwei Spiralen die vierfache von der ist, welche die inducirende Wirkung einer Spirale liefert.

§. 29. Nachdem die Methode erörtert ist, nach der ich die Beobachtungen berechne, gebe ich die einfachen Gesetze an, welchen der Nebenstrom nach meinen Beobachtungen (Pogg. Ann. Bd. 64 p. 64 und Bd. 79 p. 255) folgt. Erregt der Hauptstrom auf *FG* eine Spannungsdifferenz $= m$ (die Spannungsdifferenz auf $BC = 1$ gesetzt), so schliesst der Draht *FHG* die Kette in derselben Weise, wie es bei zwei Zweigen der Fall sein würde; haben *FG* und *FHG* die äquivalenten Längen l' und l'', so geht durch *FHG* in der Richtung von *F* über *H* nach *G* ein Stromtheil $\frac{l'}{l'+l''} m = a'' m$, durch *FG* von *F* nach *G* ein Stromtheil $\frac{l''}{l'+l''} m = a' m$; dieser widerstrebt dem Schluss der Kette, die sich von *G* nach *F* mit der Kraft m erneuert, somit fliesst durch den ganzen Ring in der Richtung *FHGF* ein Strom $= a'' m = (1 - a')$ m, den Hauptstrom $= 1$ gesetzt. Dieser Strom findet in dem Ringe, dessen Widerstand für die Stromeinheit $= w$ sei, einen auf die ganze Leitung übergehenden Widerstand $= (a'' m)^2 w$, somit steigt der Gesammtwiderstand auf $W + (a'' m)^2 w$, wenn der Widerstand des Hauptdrahtes $= W$ gesetzt wird. Da überdies nach den Beobachtungen die gesammte vom Haupt- und Nebenstrom erzeugte Wärme constant bleibt und zwar ebenso gross, als wie sie die Batterie entwickelt, wenn kein Nebenstrom entsteht, so erhalten wir folgende Formeln für die Thermometerangaben ϑ im Haupt- und ϑ' im Nebenstrom, worin C die Wärmeangabe der Batterie bei $W = 1$ ausdrückt:

$$\vartheta = \frac{C}{W + (a'' m)^2 w} \qquad (1)$$

$$\vartheta' = \frac{C (a'' m)^2}{W + (a'' m)^2 w} \qquad (2)$$

oder nach Substituirung des Werthes von a''

$$\vartheta = \frac{C}{W + \left(\frac{l'}{l'+l''} m\right)^2 w} \qquad (3)$$

$$\vartheta' = \frac{C\left(\frac{l}{l+l'}m\right)^2}{W+\left(\frac{l}{l+l'}m\right)^2 w} \qquad (4).$$

Multiplicirt man ϑ in (3) mit W und ϑ' in (4) mit w, so ist die ganze entwickelte Wärme $= C$ und eben so gross, als wenn die Batterie über den einfachen Schliessungsbogen entladen worden wäre, in welchem Falle das Thermometer $\frac{C}{W}$ angegeben hätte.— Die vorstehenden Formeln sind einfach und stimmen mit den Beobachtungen überein; sie verlangen nur noch, grade wie bei der Stromtheilung, eine Revision der äquivalenten Längen, ob diese streng constante Werthe haben oder innerhalb gewisser Grenzen variiren; sie verlangen ferner noch eine genauere Feststellung der Constanten in der Formel für m, wobei freilich nach dem Obigen (§. 27) grosse Schwierigkeiten vorkommen werden.

Stellen wir die Resultate kurz zusammen, die sich aus den Formeln (3) und (4) ergeben:

1) Aendert man die Batterie und ihre Ladung, während alle übrigen Verhältnisse constant bleiben, so ändert sich C allein in der Weise, wie wir es bei der Wärmeentwicklung im einfachen Schliessungsbogen angeführt haben; ϑ und ϑ' nehmen an dieser Aenderung gleichen Theil.

2) Wird bei constanter Batterieladung der Widerstand des Hauptdrahts verändert, so steigt mit verkleinertem W sowohl ϑ als ϑ' in gleichem Verhältniss; ebenso sinken beide, wenn W vergrössert wird.

3) Bleibt die Batterie und ihr Schliessungsbogen constant, auch die Ladung unverändert, so bringt ein längerer Zweigdraht desselben gespannten Nebendrahts einen kleinern Werth von ϑ' hervor, es sei denn dass der längere Zweigdraht $l_{\prime\prime}$ einen viel geringern Widerstand $w_{\prime}$ darböte als der längere, dessen Widerstand w' sei; in diesem Falle könnte ϑ' grösser werden. Die Bedingungsgleichung für beide Fälle (den Widerstand des gespannten Nebendrahts $= w_0$ gesetzt) ist:

$$\frac{\left(\frac{l'}{l'+l_{,,}}m\right)^2}{W+\left(\frac{l'}{l'+l_{,,}}m\right)^2(w_,+w_0)} \lessgtr \frac{\left(\frac{l'}{l'+l'}m\right)^2}{W+\left(\frac{l'}{l'+l'}m\right)^2(w'+w_0)}$$

oder $\{(l'+l_{,,})^2-(l'+l'')^2\}\,W \lessgtr (l'm)^2(w'-w_,)$.

Die Erwärmung ϑ im Hauptdraht wird kleiner oder grösser durch die genannte Veränderung des Zweigdrahts, wenn

$$\left(\frac{l'}{l'+l_{,,}}\right)^2(w_,+w_0) \gtrless \left(\frac{l'}{l'+l'}\right)^2(w'+w_0) \text{ ist.}$$

4) Wenn der Zweigdraht unter den Bedingungen in No. 3 aus verschiedenen Längen desselben Drahts gebildet wird, so wird ϑ' bei grösserer Länge jedesmal kleiner Die Wärmeentwicklung ϑ im Hauptdraht erreicht ein Minimum bei einer äquivalenten Länge x des Zweigdrahts, die aus $d\left[W+\left(\frac{l'}{l'+x}\right)^2 m^2(w_0+xw)\right]=0$ gefunden wird, insofern w_0 den Widerstand des gespannten Nebendrahts und w den Widerstand des Zweigdrahts auf eine Längeneinheit bezeichnet. Dies giebt $x=\frac{lw-2w_0}{w}$. Wäre z. B. der gespannte Draht 8' Kupferdraht KK von 0,02 Widerstand, der Zweigdraht aus Platin P mit einem Widerstand = 0,26 auf den zu KK äquivalenten Fuss und $W=1$, so würde bei $x=7{,}8$ Fuss (äquival. zu KK) das Minimum der Wärmeentwicklung im Hauptstrom eintreten. Wäre ϑ ohne Nebenstrom $= C$ gewesen, so würde es ($m=\frac{3}{4}$ gerechnet) im Minimum auf 0,78 C herabsinken.

5) Entfernt man unter sonst unveränderten Verhältnissen die gespannten Drähte von einander, so steigt ϑ und ϑ' sinkt.

§. 29. Der Nebenstrom ist unter den bisher angeführten Verhältnissen meist schwach, er ist wenigstens immer kleiner als der Hauptstrom. Man kann ihn verstärken, wenn man den Schliessungsbogen der Batterie so führt, dass er mindestens mit zwei Strecken wirkt, die man zur Vermeidung von Inductionen auf einander am besten zu beiden Seiten des Nebendrahts ausspannt; natürlich muss der Hauptstrom beide Strecken in gleicher Richtung durchlaufen (s. Beispl. Pogg. Ann. Bd. 64 p. 64). Uebersieht man die kleinen Störungen durch die erwähnte Induction, so erregt jede Strecke einen gleichen Strom $= \frac{l}{l+l'} m$, also beide zusammen den doppelten. Die Wärmeformeln gehen hierdurch über in

$$\vartheta = \frac{C}{W + 4\left(\frac{l}{l+l'} m\right)^2 w} \qquad (5)$$

$$\vartheta' = \frac{4C\left(\frac{l}{l+l'} m\right)^2}{W + 4\left(\frac{l'}{l+l'} m\right)^2 w} \qquad (6)$$

Die flachen Spiralen des Herrn Riess geben solche vervielfältigten Ströme, da mehrere Windungen der inducirenden Spirale zugleich auf je eine Windung der inducirten wirken; nur sind die Inductionen hier zu complicirt, als dass sich mit ihnen die m bestimmende Formel herleiten liesse.

§. 30. Ueber die Richtung des Nebenstroms spricht sich Herr Riess unentschieden aus, doch zieht er es ohne weitere Gründe vor, die Richtung im gespannten Drahte gleichlaufend zum Hauptstrom anzusetzen, also grade entgegengesetzt wie ich es annehme. Da ich für meine Ansicht die theoretischen Gründe, die ich oben auseinandergesetzt habe, nicht geltend machen will, so verweise ich auf den Versuch, wo ich bei der Anordnung der Drähte wie in Fig. 12 den Draht *CDE*, der zur äussern Belegung der Batterie führt, so geleitet habe, dass er einmal in *F* eintritt und von *G* ab, dann in *G* eintritt und von *F* ab zur Aussenseite der Batterie gelangt. Der Hauptstrom erregt jetzt, indem er durch *BC* läuft, den Nebenstrom in der Richtung *GFHG* und durchläuft sich trennend den Zweig *FHG*, wenn er in *F* eintritt, in der Richtung *FHG*, wenn er dagegen in *G* eintritt, in der Richtung *GHF*. Indem ich nun an eine Interferenz elektrischer Ströme nicht glaube, so müssen im ersten Fall beide Ströme sich verstärken, in dem andern sich schwächen; die Beobachtungen bestätigen dies und damit die von mir angenommene Richtung des Nebenstroms.

§. 31. Der Nebenstrom hat in seinem mit dem Hauptstrom gleiche Zeit ausdauernden Verlauf eine gewisse Uebereinstimmung mit dem galvanischen Strom, da auch in ihm die polare Erregung von Theilchen zu Theilchen fortschreitet und in dem Ringe umschlossen ist; er weicht nur darin von ihm ab, dass die zwischen F und G (Fig. 12) bleibende Spannungsdifferenz, die nach meinen Versuchen (Pogg. Ann. Bd. 70 p. 255) von m bei freiem Draht auf $\frac{l''m}{l+l''} = ma'$ bei geschlossenem herabsinkt, nicht durch im Ringe selbst befindliche Glieder (die erregenden Elemente) sondern durch die von BC ausgehenden und an FG haftenden Kraftlinien erzeugt wird. Durch diesen Zusammenhang muss offenbar der Nebenstrom dem Hauptstrom ähnlich werden und eine gleiche Nebenstrom erregende Kraft erlangen, wie sie dieser besitzt. Es entstehen hierdurch Nebenströme neuer Ordnungen. Spannt man also zu einer beliebigen Länge von FHG einen neuen parallelen Draht von einer äquivalenten Länge $l_,$ aus und verbindet ihn durch einen Zweigdraht von der äquivalenten Länge $l_{,,}$, setzt die Grösse der Induction bei offenem Draht $m_,$ und den Widerstand des neuen Ringes $= w_{,,}$ dann noch zur Abkürzung $a_{,,} = \frac{l_,}{l_, + l_{,,}}$, so sind die Erwärmungen ϑ im Hauptstrom, ϑ' im ersten Nebenstrom, ϑ'' im zweiten Nebenstrom nach den bereits mitgetheilten Gesetzen und unter Beibehaltung der Bezeichnungen in den Formeln (1) und (2) durch die Gleichungen

$$\vartheta = \frac{C}{W + (a''m)^2 w' + (a''m \,.\, a_{,,} m_,)^2 w_,} \tag{7}$$

$$\vartheta' = \frac{C(a''m)^2}{W + (a''m)^2 w' + (a''m \,.\, a_{,,} m_,)^2 w_,} \tag{8}$$

$$\vartheta'' = \frac{C(a''m \,.\, a_{,,} m_,)^2}{W + (a''m)^2 w' + (a''m \,.\, a_{,,} m_,) w'} \tag{9}$$

ausgedrückt. Es scheint mir überflüssig, die Formeln auf wieder neue Nebenströme auszudehnen, einestheils weil ihre Ableitung keinen weitern Schwierigkeiten unterliegt, anderntheils weil die

Beobachtungen mit den Formeln wegen der vielen Störungen durch Nebeninductionen doch niemals streng übereinkommen können.

VII. Der Strom der Nebenbatterie.

§. 32. Wird wie vorher beim Nebenstrom eine Batterie (Hauptbatterie) mit einem Schliessungsbogen (Hauptdraht) geschlossen, zu einer gradlinig ausgespannten Strecke desselben ein zweiter Draht parallel ausgespannt, und von dem einen Ende aus ein Draht mit der Innenseite einer zweiten isolirten Batterie (Nebenbatterie), von dem andern aus ein Draht mit der Aussenseite derselben verbunden, so entsteht, während die Hauptbatterie entladen wird, in dem Schliessungsbogen (Nebendraht) dieser zweiten Batterie ein elektrischer Strom, welchen ich den Strom der Nebenbatterie nenne. Diesen merkwürdigen, von mir zuerst nachgewiesenen Strom habe ich bereits in mehreren Beziehungen untersucht und die Resultate in drei Abhandlungen (Grunerts Archiv XIX. p. 55 und p. 97, Wiener Sitzungsber. Märzh. 1853) mitgetheilt; andere Umstände kenne ich aus der frühern Untersuchung (Wiener Sitzungsber. 1849) über einen ähnlichen Strom der Nebenbatterie, bei welchem die von der innern und äussern Belegung ausgehenden Drähte unmittelbar mit den Endpunkten des gespannten Theils des Hauptdrahts verbunden werden. Zur Untersuchung bedient man sich theils des Luftthermometers theils des Funkenmessers, und zwar lassen sich einige Fragen leichter mit dem einen, andere bequemer mit dem andern Instrumente erledigen. Wir wollen zunächst den Gebrauch beider Messinstrumente erläutern und die Methode besprechen, wie die Beobachtungen in beiden Fällen zur Erlangung gleicher Resultate benutzt werden müssen. Um mit dem einfachsten Fall zu beginnen, seien die Hauptbatterie A (Fig. 13) und die Nebenbatterie H aus gleich vielen Flaschen gleicher Kraft zusammengesetzt, der Hauptdraht bestehe aus stärkerm Kupferdraht, enthalte bei D das Luftthermometer, für welches auch der darin enthaltene Platindraht P substituirt werden kann, bei J den Auslader, dessen Kugeln in fester Distanz eine constante Ladung der Batterie bedingen, und die Strecke BC etwa 8′ lang sei gradlinig ausgespannt. Im Nebendraht, der aus demselben Kupferdraht bestehend die isolirte Batterie H vollkommen schliesst, sei O das Luftthermometer oder der dafür eingesetzte gleiche Platindraht P und FG die zu BC parallel gespannte Strecke. Man stelle FG und BC etwa 4—6 Zoll aus einander und beobachte in D und O die Thermometerangaben ϑ und ϑ'. Die Beobachtungen werden ergeben, dass das Verhältniss $\frac{\vartheta'}{\vartheta}$ sich ändert, wenn man die Länge des Nebendrahts verändert; es wird sein Maximum erreichen, wenn der Nebendraht dieselbe Länge hat wie der Hauptdraht, also abnehmen, wenn man von dieser Länge aus den Nebendraht verlängert oder verkürzt. (Zum Hauptdraht muss natürlich der Auslader in äquivalenter Länge hinzugerechnet werden). Verändert man hierauf die Distanz der parallelen Drähte, so wird $\frac{\vartheta'}{\vartheta}$ desto grösser, je näher die Drähte an einander kommen, das Maximum des Verhältnisses tritt aber jedesmal bei derselben, der dem Hauptdrahte gleichen Länge des Nebendrahts ein. Diese mit der Distanz x abnehmenden Werthe von $\frac{\vartheta'}{\vartheta}$ stellt man, wie bei allen elektrischen Inductionen, unter die Formel $\sqrt{\frac{\vartheta'}{\vartheta}} = \frac{a}{b+x}$ und berechnet, wenn man hier x in Zollen ausdrückt, die beiden Constanten a und b, von denen b etwas grösser als a ist. Als die Hauptbatterie und die Nebenbatterie aus je zwei von den ältern Flaschen gebildet waren, die Schliessungsbogen aus Kupferdraht von 0,513 Linien Durchmesser eine Länge von 22′ hatten (mit Einschluss von $P = 2'\,K$), BC und FG aus 8′ bestanden, die U förmig gespannt waren, und die Batterieladung durchschnittlich auf eine Intensität = 53,0 gebracht wurde, hatte b den Werth 8 und a den Werth 6,9, so dass die Abnahme des inducirten Stroms viel langsamer erfolgte als früher beim Nebenstrom. Auch die Beobachtungen, in denen der Nebendraht nicht die dem Maximum zukommende Länge hat, lassen sich in derselben Weise unter die vorher angegebene Formel stellen, doch erhalten jetzt a und b kleinere Werthe oder, was dasselbe ist, der Strom der Nebenbatterie nimmt jetzt schneller mit der Entfernung der gespannten Drähte von einander ab. Sieht man auf die entwickelte Wärme, so findet man, dass sie in allen Fällen im Hauptdraht und Nebendraht zusammengerechnet constant bleibt und zwar ebenso gross, als wie sie die Batterie bei derselben Ladung auf einem einfachen Schliessungsbogen entwickelt; man multiplicirt um sie zu erhalten ϑ mit W oder dem Widerstand des Hauptdrahts, ϑ' mit w oder dem Widerstand des Nebendrahts, und findet in der Summe beider Producte die constante Zahl C, die man ebenfalls findet, wenn man den Nebendraht auslöst, die Batterie sich über den Hauptdraht allein entladen lässt und die Thermometerangabe Θ mit W multiplicirt. Die Gleichheit der Wärmeentwicklung einer unveränderten und stets gleich stark geladenen Batterie geht also durch alle Fälle durch, mag die Batterie sich auf die gewöhnliche Weise über ihren einfachen Schliessungsbogen entladen, oder der Strom sich auf demselben verzweigen, oder einen Nebenstrom erregen, oder endlich eine Nebenbatterie zur Thätigkeit bringen. — Wollen wir denselben Versuch mit dem Funkenmesser durchführen, so lassen wir den Hauptdraht in derselben Länge und Einrichtung wie vorher und fügen statt des Luftthermometers bei D (Fig. 14) den Platindraht P ein; auch der Nebendraht bleibt unverändert und enthält in R seinen Platindraht P; ausserdem stellen wir aber den Funkenmesser O bei der Nebenbatterie auf und verbinden durch starke Drähte die eine Kugel desselben mit der innern, die andere mit der äussern Belegung. Sowie sich jetzt die Hauptbatterie entladet, kommt die Nebenbatterie in Wirkung; beide Belegungen erlangen wie bei einer geladenen Batterie eine Spannungsdifferenz gegen einander, und da diese sich den Kugeln O des Funkenmessers mittheilt, so lässt sich die Intensität ihrer Ladung aus der Länge des überschlagenden Funkens berechnen. Verändert man nun die Länge des Nebendrahts, so findet man das Maximum der Ladung grade wie vorher mit dem Luftthermometer, wenn beide Schliessungsbogen gleich lang sind; verkürzt oder verlängert man von hier ab die Länge des Nebendrahts, so werden die überschlagenden Funken in beiden Fällen kürzer. Die Beobachtungen bei verschiedenen Distanzen x der parallelen Drähte liefern hierauf eine Reihe der Ladungen i der Nebenbatterie, die sich unter die Formel $i = \frac{aE}{b+x}$ stellen lassen; die Berechnung in dem vorher angeführten Beispiele gab ebenfalls $b = 8$, $aE = 276$. Da die Werthe von b in den beiden mit den verschiedenen Instrumenten angestellten Versuchen mit einander übereinstimmen, so ist dadurch nicht nur die Gültigkeit der Berechnung in beiden Beobachtungsreihen erwiesen, sondern auch die Anwendung des Funkenmessers gesichert. Nur den Werth von a glaube ich bis jetzt, wo ich ausser einigen Probeversuchen noch nicht hinreichende Beobachtungen mit dem Luftthermometer angestellt habe, aus dem Producte aE nicht mit voller Sicherheit trennen zu dürfen; denn wenn gleich E zur Ladungsintensität J der Hauptbatterie also hier zu 53,0 proportional ist, so dürfte es doch ohne Weiteres noch nicht gestattet sein $E = J$ zu setzen, wodurch $a = 5{,}2$ würde, also abweichend von dem obigen Werthe 6,9. Dass die Anwendung des Funkenmessers zu diesen Beobachtungen gesichert ist giebt der Untersuchung einen weiten Spielraum, da man nun auch beide Schliessungsbogen allein aus Kupferdraht bilden kann, und damit den Widerstand in den Leitungen soweit als möglich beseitigt. — Ich will noch einige andere Thatsachen beifügen, um daran die Regeln zu knüpfen, welche man bei diesen Beobachtungen überhaupt zu befolgen hat. Bildet man die beiden Schliessungsbogen nur aus Kupferdraht, so werden die inducirten Funken länger und die Formel $i = \frac{aE}{b+x}$ giebt für aE und b grössere Werthe; als z. B. der Hauptdraht bei 8′ Länge der gespannten Drähte 20′ lang war und der Nebendraht die Länge fürs Maximum hatte, stieg bei einer Batterieladung $J = 37{,}5$ b auf 16,1 und aE auf 550. Jede Einschiebung von Platindraht oder anderm Drahte von stärkerm Widerstand sei es in den Haupt- oder in den Nebendraht drückt die Werthe der beiden Constanten herab; dasselbe thut eine gesteigerte Ladung J der Hauptbatterie, weil auch hier mit J, wie ich früher angegeben habe, der Widerstand in der Leitung steigt. Wird der Hauptdraht verlängert, so tritt zwar das Maximum des inducirten Stroms ebenfalls bei der ihm gleichen Länge des Nebendrahts ein, allein es sinken die Werthe von aE und b und zwar aE proportional zur Länge des Hauptdrahts. Endlich erwähne ich noch, dass bei Batterieen von ungleicher Kraft sich fürs Maximum der Induction die Länge des Nebendrahts zur Länge des Hauptdrahts umgekehrt wie die Kraft der Nebenbatterie zur Kraft der Hauptbatterie verhält; wäre also z. B. die Hauptbatterie aus der doppelten Zahl von gleichen Flaschen zusammengesetzt als die Nebenbatterie, so würde der Nebendraht doppelt so lang als der Hauptdraht genommen werden müssen, um das Maximum des inducirten Stroms zu erreichen. Aus diesen vorläufigen Angaben können wir folgende Regeln für die Methode der Beobachtungen entnehmen. 1) Von allen Flaschen, welche man in die Haupt- oder Nebenbatterie einsetzen will, bestimme man zuvor die Kraft und verlasse sich nicht auf die vorausgesetzte Gleichheit derselben; die Länge des Nebendrahts fürs Maximum hängt zu sehr von dem Verhältniss der Kräfte beider Batterieen ab, als dass eine oberflächliche Bestimmung der Werthe genügen könnte. 2) Man gebrauche zu den beiden Schliessungsbogen soweit als möglich homogene Drähte, damit man die Länge derselben genau kenne; deshalb lasse man auch die Drähte unmittelbar zu den Belegungen der Flaschen gehen und schiebe keine andern Verbindungsstücke ein. Der Auslader allein und, wenn man mit dem Luftthermometer beobachtet, der darin enthaltene Platindraht machen eine Ausnahme; sie werden in äquivalenter Länge berechnet. Natürlich können später auch andere Drähte in die Schliessungsbogen eingeschaltet werden, wenn man ihren Einfluss auf die Induction untersuchen will; aber zuvor muss man wissen, was homogene Schliessungsbogen leisten. 3) Die Verbindung der Schliessungsdrähte mit den Belegungen muss fest und gut metallisch sein; jede losere Verbindung giebt kürzere Funken über den Funkenmesser *O*. 4) Bei jeder einzelnen Beobachtungsreihe lasse man die Ladung *J* der Hauptbatterie constant, da mit verändertem *J* auch der Widerstand in der Leitung und damit die Stärke des inducirten Stroms verändert wird. 5) Die Schliessungsdrähte müssen hauptsächlich aus starkem, gut leitendem Kupferdraht gebildet sein, wenigstens müssen die Drahtlängen, welche man um auf das Maximum des inducirten Stroms zu kommen aus dem Nebendraht entfernt oder in ihn hinzufügt, aus starkem Kupferdraht bestehen, damit wenigstens annähernd der Widerstand in der Leitung constant bleibe. Entfernte man, nachdem man auf die angegebene Weise die Länge des Nebendrahts fürs Maximum bestimmt hat, noch einen stärker hemmenden Draht aus demselben, so würde der inducirte Strom natürlich eine grössere Stärke erlangen, weil durch den entfernten Widerstand die Induction um ein Bedeutenderes gestiegen ist als sie die kürzere Länge des Nebendrahts vermindert. Wollte man also den ganzen Nebendraht aus schlecht leitendem Drahte zusammensetzen, so könnte man leicht dahin gelangen, bei keiner Länge desselben ein Maximum des inducirten Stroms zu finden; mit jeder Verkürzung des Nebendrahts würde eine Steigerung des Stroms eintreten. Setzt man aber, wenn man so die richtige Länge bereits überschritten hat, wieder Kupferdraht zu, so wird der Strom abermals steigen, bis man die wahre Länge des Nebendrahts fürs Maximum erreicht hat. Jede solche Bestimmung verlangt also, dass der Widerstand der Leitung unverändert bleibt. 6) Man verändere in keiner Beobachtungsreihe die Länge des Hauptdrahts, weil die Induction mit der Verlängerung desselben abnimmt und mit der Verkürzung wächst. Die Fehler eines solchen Verfahrens sind bedeutend und können den Beobachter in völlige Verwirrung bringen. Würde man, um die einzelnen Fälle etwas näher zu erörtern, bei constanter Distanz der parallelen Drähte und wenn der Nebendraht die richtige Länge fürs Maximum hat, aus dem Hauptdraht nach und nach Kupferdraht entfernen, so würde der Strom der Nebenbatterie in den meisten Fällen erst steigen und dann abnehmen; aber die Länge, welche der Hauptdraht bei diesem Maximum erhält, gäbe keineswegs sein Verhältniss zur Länge des Nebendrahts für das wahre Maximum an, weil eine Verkürzung des Nebendrahts den inducirten Strom abermals steigert. Alle Beobachtungen dieser Art, die scheinbar die Längenverhältnisse der Schliessungsdrähte fürs Maximum beseitigen, erklären sich daraus, dass durch die Verkürzung des Hauptdrahts die Induction grösser wird, und dass der Nebendraht anfänglich, wo er noch nicht viel länger ist als der Hauptdraht, die Induction nicht in demselben Betrag vermindert als sie durch die Verkürzung des Hauptdrahts gehoben wird; erst wenn durch weitere Verkürzung das Verhältniss der beiden Schliessungsdrähte immer ungleicher wird, fängt die Stärke des Nebenstroms an abzunehmen. Das genannte täuschende Resultat kann man übrigens, wenn man es sucht, am leichtesten erhalten, wenn man die gespannten Drähte etwas weit auseinander rückt und die Länge des Hauptdrahts etwas gross nimmt; denn ist diese von Anfang an nicht bedeutend, so dürfte selbst der inducirte Strom fortwährend wachsen. Noch complicirtere Erscheinungen müssen hervortreten, wenn man bei diesem Verfahren, die Länge des Hauptdrahts zu ändern, nicht von der fürs Maximum erforderlichen Länge des Nebendrahts ausgeht. Wäre z. B. der Nebendraht länger als der Hauptdraht, wenn beide Batterieen einander an Kraft gleich sind, so würde eine Verkürzung des Hauptdrahts um Kupferdraht in einigen Fällen den Nebenstrom stetig herabdrücken, in andern erst steigern dann verringern; eine Verlängerung des Hauptdrahts würde ebenfalls den inducirten Strom in einigen Fällen erst vergrössern dann verkleinern, in andern wieder nur verkleinern. Die Resultate lassen sich im Allgemeinen nicht genauer festsetzen, da man dazu die Längen der Schliessungsbogen, die Ladung der Batterie und den vorhandenen Widerstand kennen müsste; der Erfolg hängt indess auch hier jedesmal davon ab, ob die Steigerung der Induction, welche aus dem verkürzten Hauptdrahte entspringt, oder umgekehrt die Abnahme der Induction, welche aus der Verlängerung des Hauptdrahts entsteht, bedeutender ist als die Abnahme oder Zunahme derselben, welche durch das ungleiche Längenverhältniss der beiden Schliessungsdrähte bewirkt wird. Am stärksten endlich würden alle Resultate verwirrt, wenn man die Verkürzung oder Verlängerung des Hauptdrahts durch Wegnehmen oder Hinzufügen schlecht leitender Drähte bewirkte; dann würde der veränderte Widerstand es möglich machen, zu jedem beliebigen Resultate zu gelangen, das man zu sehen nur irgendwie Lust hat. — Wenn, wie wir so eben gesehen haben, eine Vernachlässigung der Beobachtungsregeln 5 und 6 nur zu täuschenden Resultaten führen kann, so liegt, um es noch einmal zusammenzufassen, der Grund darin, dass man von den die Induction der Nebenbatterie bestimmenden Momenten zwei zu gleicher Zeit ändert. Diese Momente sind: Die Grösse der Haupt- und der Nebenbatterie, die Ladung der Hauptbatterie, die Spannungsdifferenz und Kette auf dem inducirenden Drahte, der Widerstand der Leitungen und das Längenverhältniss des Haupt- und Nebendrahts gegen einander. Nimmt man aus dem Nebendraht einen Theil, dessen Widerstand bemerkbar ist, fort oder setzt einen solchen hinzu, so ändert man das Längenverhältniss der Schliessungsbogen und zugleich den Widerstand der Leitung; verändert man die Länge des Hauptdrahts, so ändert man zugleich die Spannungsdifferenz und Kette auf dem inducirenden Drahte und das Längenverhältniss der beiden Schliessungsbogen; bietet überdies der Theil, durch welchen man die Länge des Hauptdrahts vergrössert oder verkleinert, noch einen bemerkbaren Widerstand dar, so werden sogar drei Momente zu gleicher Zeit geändert.

§. 33. Nachdem die Regeln angegeben sind, welche man bei den Versuchen über den Strom der Nebenbatterie zu beachten hat, will man sich anders nicht die ganze Untersuchung von Anfang an verwirren, wollen wir noch etwas näher auf die Beschaffenheit dieses Stromes eingehen. Nach den Beobachtungen mit dem Luftthermometer wirkt dieser Strom grade ebenso wie der Strom der Hauptbatterie, es ist nicht anders als wenn die geladene Nebenbatterie sich über ihren Schliessungsbogen entladete; nur ist der Strom insofern abhängig vom Hauptstrom, als er alle Veränderungen, die mit der Hauptbatterie und ihren Schliessungsbogen vorgenommen werden, empfindet; er ist aber insofern auch wieder selbstständig, als er auf die Entladung der Hauptbatterie zurückwirkt und bei ungleicher Kraft der Batterieen sich nach der Kraft der seinigen richtet. Verfolgen wir die freie Spannung auf dem Nebendraht mit dem Funkenmesser, indem wir mit ihm zwei andere Stellen z. B. *P* und *Q* (Fig. 14) verbinden, so finden wir, dass die freie Spannung grade ebenso abnimmt, wie auf dem einfachen Schliessungsbogen einer Batterie; je weiter die beiden Stellen *P* und *Q* von der innern und äussern Belegung der Nebenbatterie abliegen, desto kleiner wird die Spannungsdifferenz; sie sinkt proportional zur Länge des Drahts *PFGQ*. Ja die Uebereinstimmung ist so gross, dass bei den ältern Flaschen, als der Schliessungsbogen noch nicht fest mit den Belegungen verbunden war, die Spannungsdifferenz auch hier um eine constante Grösse zu klein blieb, und dass erst nach der solidern Verbindung die Abweichung fortfiel. Wie sollen wir uns nun eine solche Ladung der Nebenbatterie erklären? Die gewöhnliche Ansicht, dass der Strom über *BC* die Elektricitäten auf *FG* scheidet und dass die getrennten sich in der Nebenbatterie binden, kann nicht die geringste Befriedigung gewähren; denn selbst wenn wir eine solche Scheidung auf *FG* in entgegengesetzte Elektricitäten zugeben wollten, die noch gar nicht durch Beobachtungen erwiesen ist, selbst wenn wir einräumen wollten, dass die nach den Belegungen gelangende positive und negative Elektricität sich hier gegenseitig bänden, obschon doch ein solches Binden nach eben dieser Ansicht bei der geschlossenen Batterie kaum stattfinden könnte, welche Zeit sollten wir wohl dazu bestimmen, bis die Batterie geladen ist, und welche, bis sie sich wieder entladet? Was sollten wir mit den beiden entgegengesetzten Strömen beginnen, einmal in die Batterie hinein und dann wieder hinaus? Was zuerst die Zeitdauer der Ladung und der Entladung betrifft, so würden wir doch sicher beide

Zeiträume ziemlich gleich ansetzen müssen, da der Hauptstrom über *BC* längere Zeit wirken müsste, um die ganze zur Ladung der Nebenbatterie erforderliche Elektricität zu trennen und nach den Belegungen zu treiben; aber in dieser Zeit würde auch die Intensität der Hauptbatterie bereits soweit gesunken sein, dass die Nebenbatterie nicht zu der Intensität gelangte, welche wir an ihr beobachten. Noch misslicher steht es mit den conträren Strömen; der Ladungsstrom würde beginnen und zum Stillstand kommen, der Entladungsstrom würde kaum eher zu rechter Kraft gelangen als bis der Strom der Hauptbatterie aufhörte; die Nebenbatterie würde also länger in Thätigkeit sein als die Hauptbatterie, was wir in jeder Beziehung verwerfen dürfen. Nach meiner Ansicht bildet sich in *FG* eine Kette ähnlich wie in *BC*; sie setzt sich auf den Drähten bis zu den Belegungen der Batterie fort und hier schliesst sie sich durch das Glas hindurch mit gleicher Stärke, als wenn man den Schluss durch Einführen von Elektricität vom Conductor aus bewirkt hätte. Ist nämlich das, was wir Ladung einer Batterie nennen, eine Spannung in dem die Belegungen trennenden Nichtleiter, so ist es einerlei, ob wir diese Spannung nach und nach durch eingeführte Elektricität hervorrufen oder dadurch, dass wir in dem Schliessungsbogen der Batterie eine Anordnung der Theilchen herstellen, die, wenn sie mit ihren Enden aneinander kommt, sich ebenso kräftig zusammenzieht und den trennenden Nichtleiter in eine ebenso starke Spannung versetzt. Ich halte dafür, dass in dem ersten Momente, wo die Hauptbatterie sich zu entladen anfängt, die Kette in *FG* gebildet und durch das Glas der Nebenbatterie hindurch geschlossen ist, dass also von eben diesem Momente an die volle Wirksamkeit dieser Batterie beginnt und mit der Wirksamkeit der Hauptbatterie continuirlich aushält. Beleg dafür ist mir das Tönen der Nebenbatterie, das bei ihrer Ladung sich hören lässt; das Glas der Flaschen klingt, als ob es plötzlich zerspränge. Nur dürfen wir wieder von der andern Seite den Strom der Nebenbatterie, indem wir ihn aus der in *FG* gebildeten Kette herleiten, nicht soweit für sich selbstständig hinstellen, dass wir diese

Kette einfach, ohne alle weitern Bedingungen sich schliessen lassen und der so geschlossenen Kette gemäss die Wirkung der Nebenbatterie erwarten, sondern wir müssen vielmehr diese Strömung stets im Zusammenhang mit dem Hauptstrom erhalten und demnach voraussetzen, dass die inducirte Kette nur in soweit sich schliessen kann, als sie mit der sie erregenden in Uebereinstimmung oder Harmonie bleibt. Daraus erkläre ich mir die Bedeutung der Länge des Nebendrahts für eine stärkere oder schwächere Strömung; die Nebenbatterie arbeitet am kräftigsten, wenn ihr Strom in allen Beziehungen mit dem Hauptstrom zusammenstimmt; sind also beide Batterieen gleich, so ist die völlige Harmonie hergestellt, wenn beide Schliessungsbogen gleich lang sind; sind beide Batterieen an Kraft ungleich, so findet die grösste Harmonie statt, wenn der Nebendraht durch seine Länge das wieder ausgleicht, was die ungleiche Kraft in der Entladungsdauer Ungleiches herbeizieht. Je weniger die Längen der beiden Schliessungsbogen zu einander stimmen, desto geringer ist die Harmonie und damit auch desto geringer die Stromstärke der Nebenbatterie. Nach allen meinen bisherigen Beobachtungen erkenne ich den hauptsächlichsten Gewinn, den wir aus der vollständigen Untersuchung des Stroms der Nebenbatterie ziehen werden, darin, dass wir die Gesetze auffinden werden, welche die Harmonie zweier elektrischen Ströme bedingen, und dass wir durch die Kenntniss dieser Gesetze zu einer tiefern Einsicht in das Wesen der elektrischen Strömung überhaupt gelangen dürften.

§. 34. Gehen wir jetzt zu den Beobachtungen über, so will ich mich bei Angabe der Resultate auf den Fall beschränken, wo der Nebendraht diejenige Länge hat, welche das Maximum der Ladung der Nebenbatterie oder das Maximum der inducirten Stromstärke bedingt; denn habe ich mir gleich auch über andere Thatsachen schon eine vorläufige Uebersicht verschafft, so habe ich doch nur die Versuche über das Maximum unter Anwendung aller Vorsichtsmassregeln durchgeführt. Die Schliessungsdrähte der beiden Batterieen waren zunächst durchgängig aus dickem Kupferdraht KK von 1,15 Linien Durchmesser gebildet, in beiden waren 8′ an passenden Rahmen in ihrer ganzen Länge ausgespannt, die Länge der ganzen Drähte betrug mindestens 32′, um die Nebeninductionen möglichst zu beseitigen, und der Funkenmesser stand bei der Nebenbatterie mit ihr auf die vorher angegebene Weise verbunden. Alle Beobachtungsreihen wurden so durchgeführt, dass bei einer Distanz der gespannten Drähte von 18 Zollen zuerst die Länge des Nebendrahts für das Maximum bestimmt wurde; dann rückte ich bei constanter Ladung J der Hauptbatterie, die in 3 verschiedenen Reihen von 37,5 auf 52,0 und 66,5 stieg, die gespannten Drähte auf 1, 3, 6, 12, 18.... Zoll Entfernung aus einander, bis die Länge der über den Funkenmesser springenden Funken mindestens noch $\frac{1}{2}$ Linie betrug, und bestimmte in allen diesen Distanzen die Spannungsdifferenz oder Ladung i der Nebenbatterie; aus den beiden Beobachtungen bei der kleinsten und weitesten Distanz zog ich nach der Formel $i = \frac{aE}{b+x}$, worin x die Distanz in Zollen ausdrückt, den Werth der beiden Constanten aE und b. Als ich die beiden Batterieen aus Flaschen zusammengesetzt hatte, welche gleiche Kraft besassen, also jede Batterie aus je einer der ältern Flaschen oder aus einem Paare der neuern, zeigte sich erstens in der etwas verschiedenen Länge des Nebendrahts, die bei constantem Hauptdraht zur Herstellung des Maximums der inducirten Ladung erforderlich war, die etwas ungleiche Kraft der einzelnen Flaschen und Flaschenpaare, dann zweitens der sehr bedeutende Einfluss des ungleichen Widerstandes, welchen die einzelnen Flaschen in die Leitung brachten. Während die ältern Flaschen, die aus schwächerm Glase bestehen, die Werthe von aE und b soweit herabdrückten, dass sich in aE die stärkere Ladung der Hauptbatterie nicht mehr bemerklich machte, wurden bei den neuen Flaschenpaaren aus stärkerm Glase aE und b grösser; auch hier wurde zwar b bei den stärkern Ladungen J der Hauptbatterie kleiner, weil mit J der Widerstand der ganzen Leitung wächst, dagegen stiegen die Werthe von aE, und es trat schon hier deutlich hervor, dass E mit J proportional zunimmt. Ueberhaupt gewährten die Flaschen mit starkem Glase den Vortheil, dass bei ihnen die Funken an der Nebenbatterie viel sicherer überschlugen und die Messungen eine Genauigkeit bis auf $\frac{1}{50}$ Linie erlangten. Als ich hierauf Batterieen von ungleicher Kraft anwandte, nämlich die Hauptbatterie von doppelter und dreifacher Kraft als die Nebenbatterie, erhielt ich das Maximum der inducirten Ladung, wenn der Nebendraht die doppelte und dreifache Länge des Hauptdrahts hatte. Die Werthe von aE blieben dieselben, wie bei Batterieen von gleicher Kraft, die Werthe von b dagegen sanken auf $\frac{3}{4}$ und $\frac{2}{3}$ ihrer damaligen Grösse. Da a mit b fällt und steigt, so war also auch a um $\frac{3}{4}$ und $\frac{2}{3}$ kleiner, und E dagegen auf $\frac{4}{3}$ und $\frac{3}{2}$ seines frühern Werthes gestiegen. Mit dieser Zunahme von E stimmen meine frühern Beobachtungen überein, wo ich die Nebenbatterie unmittelbar in den Schliessungsbogen der Hauptbatterie eingeschaltet hatte. (S. Pogg. Ann. Bd. 71 p. 343). Hätte ich umgekehrt die Kraft der Nebenbatterie auf die doppelte und dreifache der Hauptbatterie erhoben, so würde der Nebendraht im Maximum der inducirten Ladung die $\frac{1}{2}$ und $\frac{1}{3}$ Länge vom Hauptdraht erhalten haben, b wäre auf $\frac{4}{3}$ und $\frac{3}{2}$ seines frühern Werthes gestiegen, aE dagegen wiederum constant geblieben, so dass also E auf $\frac{3}{4}$ und $\frac{2}{3}$ seiner ursprünglichen Grösse gesunken wäre. — Die so eben erwähnten Resultate erkläre ich mir auf folgende Weise. Bei zwei Batterieen von gleicher Kraft entsteht die grösste Harmonie der Schwingung, wenn beide Schliessungsbogen gleich lang sind; die Kette ist in beiden gleichartig und somit steigt die Spannung der Nebenbatterie E, die sie bei einer unmittelbaren Uebertragung der Kette des inducirenden Drahts auf den inducirten, gewissermassen bei der Berührung der beiden gespannten Drähte erlangen würde, auf die gleiche oder nahe gleiche Höhe mit J. Hat darauf die Hauptbatterie die doppelte Kraft von der Nebenbatterie, so würde diese ihrer Kraft nach sich in der Hälfte der Zeit entladen wie die Hauptbatterie; um dies zu verhüten und wieder Uebereinstimmung in die Schwingungen beider Entladungen zu bringen, muss der Nebendraht die doppelte Länge erhalten, welche die Schwingungen um das Doppelte ausdehnt und damit auch um das Doppelte verlangsamt. Hiermit stimmt die Wärmeentwicklung überein; denn könnte man in dem Kupferdraht die Wärme beobachten, so würde das Verhältniss $\frac{\vartheta'}{\vartheta}$ nur die Hälfte von demselben Verhältniss betragen, welches man bei Batterien von gleicher Kraft findet. (Ich entlehne diese Angabe aus den Beobachtungen in der Abhandlung Wiener Sitzungsber. 1849). Ebenso ist es mit den übrigen Batterieen von ungleicher Kraft; hat die Nebenbatterie die doppelte Kraft von der der Hauptbatterie, so wird ihr Schliessungsbogen um die Hälfte kürzer und dadurch ihre Entladungsdauer mit der Zeit, in welcher sich die Hauptbatterie entladet, in Uebereinstimmung gebracht; hierdurch steigt wieder $\frac{\vartheta'}{\vartheta}$ auf den doppelten Werth, den es bei Batterieen von gleicher Kraft hatte. Um ferner den veränderten Werth von E zu deuten, so ist zunächst $E = J$ bei Batterieen von gleicher Kraft (der Kürze wegen setze ich $E = J$ ohne damit die Annahme ausschliessen zu wollen, das E nur proportional zu J ist), denn die Kette überträgt sich von einem Draht auf einen zweiten gleich langen; hat die Hauptbatterie die doppelte Kraft der Nebenbatterie, so muss die Kette von den gespannten $8'KK$ auf $16'$ des Nebendrahts übergehen, um den doppelt so langen Nebendraht harmonisch zu erfassen; eine solche Uebertragung ist aber, wie auch spätere Beobachtungen lehren werden, immer so, dass der Draht, auf welchen unmittelbar gewirkt wird, als ganze Länge, der andere, der die Wirkung nicht selbst empfängt, nur als halbe Länge in Anschlag kommt; von den $16'$ des Nebendrahts kommen also $8 + \frac{8}{2} = 12'$ in Anschlag, sie empfangen die Spannung, die auf den inducirenden $8'$ ist, also auf je $8'$ $\frac{2}{3}$ derselben; dies giebt bei dem doppelt so langen Nebendraht das E der Nebenbatterie $= \frac{4}{3}J$. Bei einer dreifachen Kraft der Hauptbatterie geht die Spannung von $8'$ auf $24'$ des Nebendrahts über, welche als $8 + \frac{16}{2} = 16'$ in Anschlag kommen; dies giebt auf $8'$ $\frac{1}{2}$ und bei dem dreifachen Nebendraht $E = \frac{3}{2}J$. Die umgekehrten Kraftverhältnisse der beiden Batterieen führen ebenfalls zu den aus den Beobachtungen entlehnten Resultaten. Besitzt die Nebenbatterie die doppelte Kraft der Hauptbatterie, so überträgt sich die Kette von 16′ des Hauptdrahts als $8 + \frac{8}{2} = 12'$ auf 8′ des Nebendrahts; die Spannung wird $\frac{3}{2}$ und bei der halben Länge des Nebendrahts folgt hieraus $E = \frac{3}{4}J$; bei einer Nebenbatterie von dreifacher Kraft überträgt sich die Kette von 24′ des Hauptdrahts als $8 + \frac{16}{2} = 16'$ auf 8′ des Nebendrahts, der eine Spannung $= 2$ empfängt, was E bei der Länge des Nebendrahts, die nur den dritten Theil von der Länge des Hauptdrahts beträgt, auf $\frac{2}{3}J$ bringt. Wenn endlich die Werthe von b und also auch von a sich umgekehrt wie E verhalten, so liegt hierin die Anzeige, dass der Schluss der Kraftlinien zwischen den beiden gespannten Drähten in dem Masse zu- oder abnimmt, als E kleiner oder grösser wird; sollte dies auffallen, da man wohl eher grade umgekehrt erwarten dürfte, dass mit vermehrter Spannungsdifferenz der Nebenbatterie der gegenseitige Zusammenhang beider Batterieentladungen vergrössert werden würde, so muss man berücksichtigen, dass mit der gesteigerten Spannungsdifferenz keineswegs ein stärkerer Schluss der Kette bedingt ist, sondern umgekehrt ein lockerer; es ist wie bei der Ladung von Flaschen mit stärkerm Glase, wo die Spannungsdifferenz zwischen den beiden Belegungen sich ebenfalls schneller steigert, und dennoch die Spannung im Glase und ebenso später die Spannung der Kette im Schliessungsbogen geringer bleibt. Nur dass E keinen Einfluss auf die Wärmeentwicklung übt, ist mir merkwürdig; es liegt dies vielleicht darin, dass die Nebenbatterie nicht selbstständig ist, sondern von der Ladung der Hauptbatterie beherrscht wird. Nach diesen Versuchen verlängerte ich den Hauptdraht und dem entsprechend auch den Nebendraht; die Nebenbatterie wirkte jetzt schwächer und aE nahm proportional zur Länge des Hauptdrahts ab. — Hierauf wurde die Länge der gespannten Drähte auf 16′ und dann auf 24′ gebracht, wobei die Gesammtlänge des Hauptdrahts mindestens 55′ und 72′ betragen musste, um die Störungen durch

Nebeninductionen soweit als nöthig zu beschränken. Alle Beobachtungen verliefen in der bisherigen Weise; die Schliessungsdrähte blieben beim Maximum der Induction in demselben Verhältniss; nur die überschlagenden Funken wurden viel länger und nahmen mit der Distanz der gespannten Drähte viel langsamer ab; ich konnte Beobachtungen bis 3′ Distanz zur Berechnung der Constanten benutzen; entfernte ich die Drähte selbst bis auf 5′ von einander, so liess sich der an der Nebenbatterie überschlagende Funke noch mit Sicherheit messen, doch war er etwas kürzer als es die Formel verlangte. Um die neuen Werthe von aE aus den frühern herzuleiten, wurden sie zuerst auf die frühere Länge des Hauptdrahts nach dem Gesetze reducirt, dass aE zur Länge des Hauptdrahts umgekehrt proportional ist; dadurch entstanden Zahlen, die in den beiden Fällen um $2\sqrt{2}$ und $3\sqrt{3}$ grösser waren, als die vorher beobachteten Werthe, wo die gespannten Drähte eine Länge von 8′ hatten. Dass zunächst die Werthe 2 und 3 mal so gross sind, erklärt sich einfach aus der vergrösserten Länge des gespannten Drahtes von 8′ auf 16′ und 24′, indem der Hauptdraht in demselben Masse weniger hemmt, als die wirkende Strecke länger ist. Ein Hauptdraht von 48′ bei 16′ wirkendem Draht übt denselben Effect aus als ein anderer von 24′ bei 8′ wirkendem Draht, und ebenso ein Hauptdraht von 72′ bei 24′ wirkendem Drahte. Wenn aber die Werthe von aE noch um $\sqrt{2}$ und $\sqrt{3}$ mal grösser sind als bei dem gespannten Drahte von 8′, so finde ich darin ein ähnliches Verhältniss als wie die Schwingungszahl einer Saite proportional zur Quadratwurzel aus dem spannenden Gewichte ist; die Ketten im inducirenden und inducirten Drahte ziehen sich mit der Länge, in der sie in einander eingreifen, schärfer zusammen; dieser zur Länge proportionale Zug ist wie ein spannendes Gewicht. Sollte auch diese Erklärung noch nicht die der Sache vollkommen entsprechende sein, jedenfalls macht die durch die Beobachtungen constatirte Thatsache darauf aufmerksam, dass wir auch beim gewöhnlichen Nebenstrom noch auf die Länge der parallelen Drähte achten müssen, um zu untersuchen, ob sich hier ebenfalls ein derartiger

Einfluss bemerklich macht; sicher tritt er, wenn er überhaupt vorhanden ist, nicht ebenso stark hervor, da der Nebenstrom überhaupt einen schwächern Anschluss an den Hauptstrom hat. — Die bisherigen Versuche machen alle Verhältnisse für das Maximum der Induction klar, wenn die Schliessungsbogen ausschliesslich aus dem dicken Kupferdrahte bestehen; es kam nun weiter darauf an, auch die Verhältnisse festzustellen, wenn andere Drähte in die Schliessungsbogen eingehen; hierzu wurden Platin-, Eisen-, Messing- und schwächere Kupferdrähte theils in den Haupt- theils in den Nebendraht eingeschaltet. Diese Versuche gaben als erstes Resultat, dass diese Drähte bei der für das Maximum der inducirten Ladung erforderlichen Länge des Nebendrahts in ihrer äquivalenten Länge berechnet werden müssen, worauf die Verhältnisse beider Schliessungsbogen zu einander dieselben bleiben wie bisher. Wir haben also hier eine neue Bestätigung für die Geltung der äquivalenten Längen und damit eine neue Bestätigung für meine Beobachtungen über die freie Spannung und über die Stromvertheilung auf einem verzweigten Schliessungsbogen. Die gefundenen äquivalenten Längen stimmten überdies vollkommen mit den Werthen überein, die ich in einer besonders angestellten Beobachtungsreihe mit dem Luftthermometer aus der Stromtheilung ableitete. Als zweites Resultat gaben die Versuche den Satz, dass die eingeschobenen Drähte den Werth von aE in demselben Masse herabdrückten, als der Widerstand der Leitung durch sie vermehrt wurde. Auch hierzu bestimmte ich das Verhältniss der Widerstände der verschiedenen angewandten Drähte mit dem Luftthermometer in der oben angegebenen Weise und fand es vollkommen übereinstimmend mit dem, welches ich aus den Werthen von aE hergeleitet hatte. Nach diesen Erfahrungen ward es auch möglich, den Widerstand der verschiedenen Flaschen und den damit im Quadrat von J wachsenden Widerstand aufzufinden, und damit eine vollständige Formel aufzustellen, nach welcher der Werth von aE berechnet werden kann. In Betreff des Widerstands der die Schliessungsbogen bildenden Drähte trat aber ferner noch der eigenthümliche Umstand hervor, dass der Widerstand eines beliebigen Drahts von 8′ zu 16′ zu 24′ Länge der gespannten Drähte im Verhältniss von 1 zu $\sqrt{2}$ zu $\sqrt{3}$ abnahm, also in demselben Verhältniss abnahm, als die spannende Kraft zwischen den wirkenden Drähten sich steigerte. Ausserdem änderte sich der Widerstand eines Drahtes im Hauptdraht bei ungleichen Batterieen in demselben Verhältnisse wie sich E änderte; eine Nebenbatterie von halber oder drittel Kraft der Hauptbatterie steigerte den Widerstand auf $\frac{4}{3}$ und $\frac{3}{2}$ von dem bei gleichen Batterieen; umgekehrt würde er auf $\frac{3}{4}$ und $\frac{2}{3}$ fallen, wenn die Kraft der Nebenbatterie die doppelte oder dreifache von der der Hauptbatterie wäre. In den Nebendraht eingefügt übte der Draht den gleichen Widerstand wie im Hauptdrahte aus, sofern man seine Länge nach dem Verhältnisse der Länge des Nebendrahts zu der des Hauptdrahts veränderte; blieb er unverändert lang, so war sein Widerstand umgekehrt proportional zu dem genannten Verhältnisse; es kam indess noch ein geringer zu J^2 proportionaler Widerstand hinzu, also ein etwas stärkerer Widerstand der Nebenbatterie. — Dies sind die Resultate der Beobachtungen, welche ich bis jetzt über den Strom der Nebenbatterie veröffentlicht habe; sie führten mich für den speciellen Fall des Maximum auf eine Formel zur Berechnung von aE und b, also auf eine Berechnung der Constanten in der die Induction bestimmenden Gleichung. Die Induction war aber bis jetzt nur von dem dicken Kupferdraht bewirkt worden, indem die gespannten Drähte ausschliesslich aus ihm gebildet waren; im vergangenen Sommer habe ich demnach diese Untersuchung zu Ende geführt. Ich werde die wichtigsten Resultate angeben, doch weil die Beobachtungen noch nicht veröffentlicht sind, keine nähere Erklärung hinzufügen. Nimmt man zu den gespannten Drähten irgend einen andern Draht, sei es im Haupt- oder im Nebendraht oder in beiden zugleich, so erhält man durchgehens dieselben Zahlen für i, als wenn der dicke Kupferdraht gespannt und der andere Draht in den Schliessungsbogen eingeschaltet wird, zu welchem er gehörte, als er gespannt war. Ebenso bleiben die Widerstände aller Drähte dieselben, ob der dicke Kupferdraht oder ein anderer Draht gespannt ist. Hierauf liess ich noch den Haupt- oder Nebendraht oder beide zugleich in zwei Zweige sich spalten, so dass ein Zweig allein die Induction bewirkte oder die Induction aufnahm; die Zweige mussten lang sein, damit der zweite, welcher nicht wirken sollte, von den gespannten Drähten entfernt genug blieb. Hierbei zeigte sich zunächst aus der Länge des Nebendrahts, welche zur Erlangung des Maximums der inducirten Ladung erforderlich war, dass zwei Zweige zusammen nicht genau auf die Länge zurückgingen, die ich bisher bei der Stromtheilung angenommen hatte; so waren zwei Zweige aus 24′ und 48′ *KK* nicht genau 16′ sondern stellten sich um etwa 2′ kürzer; die 16′ waren gleichsam ein dickerer Draht, dessen äquivalente Länge wieder in Betracht kam. Es ist dies der Punkt, auf den ich oben S. 22 hingedeutet habe und der bei einer neuen Prüfung der Stromtheilung berücksichtigt werden muss. Verglich ich darauf den Werth von aE mit dem frühern, wo der Hauptdraht dieselbe äquivalente Länge hatte, so ergab sich Folgendes: Setzt man den Stromtheil durch den Zweig, welcher den gespannten Draht enthält, $= a'$, den Stromtheil durch den andern Zweig $= a''$, so ging, einerlei ob die Verzweigung im Hauptdraht oder im Nebendraht war, aE auf $a'\left(a' + \frac{a''}{2}\right)aE$ zurück; war die gleiche Verzweigung in beiden Schliessungsbogen, so fiel aE auf $a'^2\left(a' + \frac{a''}{2}\right)^2 aE$; daneben zeigte der Werth von b, dass E unverändert geblieben war. Zur Erläuterung des Frühern bemerke ich nur, dass im Factor $a' + \frac{a''}{2}$ wieder der Satz erscheint, dass der direkt wirkende Stromtheil ganz, der nur indirekt wirkende halb in Anschlag kommt. Der Widerstand, den ein stärker hemmender Draht leistet, ist ebenfalls merkwürdig; ich bediente mich des Platindrahts *P*. In den Stamm der Schliessungsbogen eingefügt war sein Widerstand grade ebenso gross, als wenn keine Verzweigung vorhanden wäre; in die Zweige gefügt, sank der Widerstand in jedem zunächst proportional zu dem Stromtheil, welcher durch ihn hindurchging, war aber dann in jenem, welcher den gespannten Draht nicht enthielt, im Verhältniss doppelt so gross als in dem andern; der Platindraht P, dessen Widerstand im Stamme w war, hatte somit in dem Zweige, in dem sich der gespannte Draht befand, einen Widerstand $w' = \frac{a''w}{a' + 2a''}$, in dem andern einen Widerstand $w'' = \frac{2a''^2 w}{a' + 2a''}$. Im Nebendraht waren die Verhältnisse ebenso.

§. 35. Eine besondere Art von Strömen der Nebenbatterie entsteht, wenn man dieselbe nicht durch einen getrennten Schliessungsbogen verbindet, sondern von den Endpunkten eines längern oder kürzeren Theils des Hauptdrahts Verbindungsdrähte zu den Belegungen der Nebenbatterie führt; die beiden Batterieen haben dann eine Drahtstrecke (Mitteldraht) gemeinsam; in diesem Falle wird die Kette nicht von einem Draht auf einen andern übertragen, sondern die im Hauptdraht enthaltene Kette schliesst sich unmittelbar auch durch den Nebendraht hindurch, so dass die Nebenbatterie ebenfalls geladen wird. Ich habe diese Ströme in der Abhandlung (Wiener Sitzungsber. 1849) näher beschrieben; da ich indess dort schon auf mehrere andere Punkte eingegangen bin, auf welche ich bei der inducirten Ladung der Nebenbatterie einzugehen bis jetzt noch nicht die erforderliche Zeit fand, so halte ich es dem Zwecke dieser kleinen Schrift nicht für entsprechend, die bereits gefundenen Resultate hier ausführlicher anzugeben, namentlich auch weil ich, damals mit mehreren Nebenumständen noch unbekannt, zuvor eine Revision der Beobachtungen anstellen möchte. Die Beobachtungen wurden hauptsächlich mit dem Luftthermometer gemacht und gaben das Maximum des Stroms der Nebenbatterie bei denselben Längenverhältnissen des Haupt- und Nebendrahts, welche oben bei dem inducirten Strome angegeben wurden. Das Verhältniss $\frac{\vartheta'}{\vartheta}$ stieg unter sonst gleichen Bedingungen wie das Kraftverhältniss der Nebenbatterie zur Hauptbatterie. Platindrähte im Nebendraht drückten $\frac{\vartheta'}{\vartheta}$ herab, in den

Hauptdraht eingefügt übten sie keinen Einfluss aus. Besonders merkwürdig war die Erwärmung ϑ'' im Mitteldraht. Ungefähr wenn der Nebendraht die Länge hatte, welche in ihm das Maximum der Stromstärke lieferte, war $\frac{\vartheta''}{\vartheta} = 1$; wurde hierauf der Nebendraht verlängert (natürlich durch Kupferdraht, um keine wesentliche Aenderung im Widerstande herbeizuführen), so fiel $\frac{\vartheta''}{\vartheta}$ zuerst, erreichte ein Minimum und stieg allmählig bei weiterer Verlängerung wieder bis 1; verkürzte man dagegen den Nebendraht, so stieg $\frac{\vartheta''}{\vartheta}$, kam bis zu einem Maximum und näherte sich bei weiterer Verkürzung wieder der Einheit.

Nachtrag.

Da mir die neueste Abhandlung des Herrn **Riess** „Ueber die Unterbrechung des Schliessungsbogens der elektrischen Batterie durch einen Condensator; Bericht der Berliner Akademie November 1853" erst zu Händen gekommen ist, als die vorstehenden Bogen bereits zum Druck übergeben waren, so will ich noch nachträglich Einiges über ihr Verhältniss zu meinen frühern Arbeiten mittheilen. Die genannte Abhandlung zerfällt in zwei Abtheilungen. Zum Verständniss der ersten genügt es, die erste darin angegebene Beobachtungsreihe ausführlicher zu beleuchten. Herr Riess hatte die Enden eines zwischen die Arme eines Henleyschen Ausladers eingeschalteten 23 Zoll langen $\frac{5}{8}$ Linien dicken Kupferdrahts (Mitteldraht) sowohl mit der Aussen- und Innenseite einer aus 3 Flaschen von 2,6 □Fuss Belegung gebildeten Hauptbatterie, als auch mit der Innen- und Aussenseite einer aus Flaschen von 1,5 □Fuss Belegung zusammengesetzten Nebenbatterie verbunden, also grade in der Weise, wie ich meine Versuche in der Abhandlung „Ueber die Veränderungen, welche der Entladungsstrom einer elektrischen Batterie erleidet, wenn mit dem Schliessungsdrahte eine zweite Batterie in Verbindung gesetzt wird; Sitzungsber. der Wiener Akademie Heft IV. 1848 oder 1849" angestellt hatte, nur dass die Batterieen bei mir aus gleich grossen Flaschen gebildet waren. Der Nebendraht (der Verbindungsdraht der Nebenbatterie) bestand bei Hrn. Riess nach der Innenseite der Batterie zu aus einem 29 Zoll langen $\frac{5}{8}$ Linien dicken Kupferdraht, aus 115 Linien Platindraht von 0,0185 Linien Radius im Luftthermometer und aus 67 Zoll $\frac{1}{2}$ Linie dicken Kupferdraht, dann von der Aussenseite ab aus einem 44 Zoll langen $\frac{5}{8}$ Linien dicken Kupferdraht. Beziehe ich diese Längen auf Kupferdraht von $\frac{1}{2}$ Linie Durchmesser, so werden ihre äquivalenten Werthe der Reihe nach etwa 28, 15, 67, 42 Zoll sein, zusammen 152 Zoll = $12\frac{2}{3}'$, so dass die Verbindungsdrähte in der Nebenbatterie zu $\frac{2}{3}'$ zugerechnet die ganze Länge des Nebendrahts $13\frac{1}{3}'$ betrug. Der Mitteldraht in äquivalenter Länge etwa 22 Zoll machte mit den Armen des Ausladers, die ich, obschon die Angaben nicht klar sind, hinzurechnen will, vielleicht $2\frac{2}{3}'$ aus, somit Nebendraht und Mitteldraht zusammen 16'. Leider fehlt nun jede Auskunft über das Kraftverhältniss der zur Haupt- und Nebenbatterie verwandten Flaschen, ebenso die Wärmeentwicklung im Hauptdraht, ja sogar die Länge des Hauptdrahts selbst, von dem wir nur erfahren, dass in ihm ein 84,2 Linien langer Platindraht von 0,0405 Linien Radius war, und ich muss demnach allein auf die angegebenen Versuche über den Ladungsstrom der Nebenbatterie gestützt die Vermuthung aufstellen, dass die äquivalente Länge des Hauptdrahts etwas über 8' betrug, somit Haupt- und Mitteldraht zusammen 11'. Diese Anordnung des Apparats hält Hr. Riess für eine solche, die eine der relativ einfachsten Versuchsreihen liefert. Er setzte also nach und nach in die Nebenbatterie 1 bis 5 Flaschen ein und fand die Erwärmung im Nebendrahte bei

	1	2	3	4	5 Flaschen
im Verhältniss von	0,05	0,22	0,51	0,57	0,47.

Er fügt aber hinzu, dass durch eine geringe Aenderung des Apparats der Gang der Erscheinung eine andere Gestalt annehmen würde. — Da es zur Beantwortung der Frage, warum er grade diese Anordnung des Apparats für eine einfache gehalten hat, durchaus erforderlich ist, die Aenderung der Erwärmungen im Nebendraht zu kennen, die eine Aenderung des Apparats veranlasst, hierüber aber jede Mittheilung fehlt, so werde ich zunächst nach Analogie meiner frühern Versuche diese Lücke ausfüllen, und hoffe von Hrn. Riess, der allein die Mittel zur Controle in Händen hat, dass er meine Angaben durch Versuche widerlegen werde, falls ich den Gang der Aenderungen nicht im Allgemeinen treffen sollte, wobei ich jedoch keineswegs behaupte, dass die bisweilen angegebenen Drahtlängen ganz genau zutreffen werden, da hierzu, wie ich bereits bemerkt habe, die erforderlichen Data zu unvollständig vorliegen. 1) Würde man in die Nebenbatterie noch mehr als 5 Flaschen eingesetzt haben, so wäre die Erwärmung immer mehr gesunken. 2) Würde der Hauptdraht bei unverändertem Nebendrahte verlängert oder umgekehrt der Nebendraht bei unverändertem Hauptdrahte verkürzt worden sein, so wäre die Erwärmung bei 5 Flaschen in der Nebenbatterie schnell grösser als bei 4 Flaschen geworden, und hätte ihren grössten Werth bei 5 Flaschen erreicht, wenn die erwähnte Verlängerung oder Verkürzung etwa 5' Kupferdraht ($\frac{1}{2}$ Linie Durchm.) betragen hätte; die ganze Reihe der Erwärmungen würde also eine steigende geworden sein. 3) Hätte man den Nebendraht bei unverändertem Hauptdrahte verlängert, so wäre das Maximum der Erwärmung nach und nach von der Nebenbatterie mit 4 Flaschen auf die mit 3, dann auf die mit 2, vielleicht selbst auf die mit 1 Flasche übergegangen, und die ganze Reihe der Erwärmungen wäre eine fallende geworden. Auf 3 Flaschen wäre das Maximum bei einer Verlängerung des Nebendrahts um 3', auf 2 Flaschen bei einer Verlängerung um 12', endlich auf 1 Flasche bei einer Verlängerung um 40' Kupferdraht gekommen. Die Grösse der Hauptbatterie habe ich dabei unverändert zu 3 Flaschen von 2,6 □' Belegung gelassen. — Warum, werden wir jetzt fragen, hielt Hr. Riess grade die Länge des Nebendrahts von 13' für eine solche, die eine einfache Beobachtungsreihe liefert, warum nicht eine Länge von 8', die die grösste Erwärmung auf 5 Flaschen, oder von 16', die das Maximum der Erwärmung auf 3 Flaschen, oder von 25', die es auf 2 Flaschen gebracht hätte? Da der Grund unmöglich in dem Apparat liegen kann, so dürfen wir ihn allein in der vorgefassten Meinung suchen, mit der Hr. Riess an die Versuche herangegangen ist. Er war von vornherein überzeugt, dass die Erwärmung im Nebendrahte durch die beiden getrennten Ströme hervorgebracht werde, die man, obschon sie nur eine Fiction sind, den Ladungs- und Entladungsstrom der Nebenbatterie nennen mag; so wie nämlich die Hauptbatterie sich zu entladen beginne, sollte ein abgezweigter Strom (Ladungsstrom) in die Nebenbatterie eingehen und sie laden; dann sollte diese Batterie sich wieder über ihren Schliessungsdraht (Neben- und Mitteldraht zusammen) entladen und mit diesem Entladungsstrom abermals Wärme erzeugen. Da aber diese beiden Ströme zusammen bei constantem Mitteldraht mit zunehmender Grösse der Nebenbatterie wachsen müssen und damit, wenn man nicht grade die passende Anordnung des Apparats trifft, die Versuche nicht übereinstimmen, so gesellte er noch jedem der beiden Ströme einen Nebenstrom zu, der ihre Wirkung schwächt, und ebenso vom Mitteldraht her einen Nebenstrom, der ihre Wirkung verstärkt, also grade hinreichende Ströme, um jede Erscheinung um so bequemer abzuleiten, als die Gesetze für die entstehenden Nebenströme noch jederman völlig unbekannt sind. Kam es nun auf die Wahl eines einfachen Falls an, so war natürlich eine von vorn ab fallende Reihe der Erwärmungen nicht zu gebrauchen, weil den Nebenströmen doch zu viel Einfluss zugemuthet werden musste; ebenso wenig genügte eine Reihe, worin die Erwärmung durchweg mit der Zahl der Flaschen in der Nebenbatterie stieg, denn dann hätte sich das Vorhandensein der Nebenströme wieder nicht nachweisen lassen; am besten passte also eine Reihe, wo die grösste Erwärmung bei einer Nebenbatterie von 4 Flaschen eintrat; man sah hier den Ladungs- und den Entladungsstrom mit der vergrösserten Nebenbatterie wachsen, und hatte bei 5 Flaschen zugleich den hemmenden Nebenstrom, der auch seine Wirkung nicht über die Gebühr geltend machte. — Wenngleich es mir nun nach den angeführten Thatsachen erklärlich ist, warum Herr Riess seiner vorgefassten Meinung zu Liebe die Länge des Nebendrahts grade zu 13′ festsetzte, und hiermit wähnte eine einfache Beobachtungsreihe mitzutheilen, so bleibt es mir doch unbegreiflich, wie er, der doch erst eine solche Wahl zwischen den verschiedenen Beobachtungsreihen traf, sich selbst dabei beruhigen konnte, und es nicht fühlte, dass, wennschon die eine ausgewählte Reihe seiner Ansicht einigermassen entsprach, die übrigen seiner Erklärungsweise gradezu entgegenstanden; denn welche Gründe wohl wollte er dafür aufbringen, dass dieselben Nebenströme bei einer etwas weitern Verkürzung des Nebendrahts den Strom der Nebenbatterie von 4 und 5 Flaschen vergrösserten, den von 3, 2 und 1 Flasche verkleinerten, und umgekehrt, dass dieselben Nebenströme bei einer geringen Verlängerung des Nebendrahts den Strom der Nebenbatterie von 4 und 5 Flaschen verkleinerten, den der andern Flaschen vergrösserten? Allein noch viel unbegreiflicher ist es mir, wie Herr Riess bei seiner Meinung verharren und auf die Nebenströme bei der Stromtheilung auf einem verzweigten Schliessungsbogen verweisen konnte, ohne seine Versuche weiter auszudehnen, nachdem er doch an jener Stelle so ausdrücklich behauptet hatte, dass die störenden Nebenströme durch kurze Zweige allein beschränkt oder beseitigt würden; nach dem, was ich von einem Experimentator billigerweise verlange, musste er, da sein Mitteldraht schon hinreichend kurz war, nun noch den Nebendraht soweit als nur möglich verkürzen und damit die Beseitigung oder wenigstens die Beschränkung der Nebenströme erzielen. Hätte er dies gethan, so würde ihm eine Verkürzung um 5′, also eine Länge des Nebendrahts von etwa 8′, die Erwärmung bei 5 Flaschen in der Nebenbatterie vergrössert und überhaupt eine steigende Reihe der Erwärmungen gegeben haben, aber die Erwärmung bei 4 Flaschen wäre unverändert geblieben und die bei 3 und abwärts bis zu 1 Flasche wäre gesunken; es wären also hier die Nebenströme noch stärker geworden. Hätte er darauf den Nebendraht bis auf etwa 3′ verkürzt, so würde er wiederum eine steigende Reihe der Erwärmungen gefunden haben, aber die Erwärmung bei 5 Flaschen in der Nebenbatterie wäre nicht grösser gewesen als bei einem Nebendraht von 13′ Länge, und alle übrigen Erwärmungen bei 4 bis abwärts zu 1 Flasche wären so bedeutend herabgegangen, dass er es selbst hätte bemerken müssen, dass dasselbe Mittel, welches bei einem verzweigten Schliessungsbogen die hypothetischen Nebenströme verringern soll, hier in einem, wie er behauptet, ganz entsprechenden Falle die Wirkung derselben auf die entschiedenste Weise steigert. Entschuldigt wäre Hr. Riess nach meiner Ansicht nur gewesen, wenn er zufällig mit einer Hauptbatterie von 2 Flaschen (2,6 □Fuss Belegung) experimentirt hätte; dann wäre die Reihe der Erwärmungen bei einer von 1 bis 5 Flaschen (1,5 □Fuss Belegung) wechselnden Nebenbatterie erst bei einem Nebendraht von etwa 4′ Länge eine steigende geworden, und es hätte den Anschein gehabt, als wären durch die Verkürzung des Nebendrahts die angenommenen Nebenströme beseitigt worden. — Wir haben nach dieser Auseinandersetzung noch zu untersuchen, wie sich Herr Riess von der Unhaltbarkeit seiner vorgefassten Meinung überzeugen konnte, und die Gründe anzugeben, warum die Beobachtungsreihen bei ihm mit der geringsten Aenderung des Apparats einen so veränderten Gang einschlugen. Was den ersten Punkt betrifft, so wusste Hr. Riess aus seinen frühern Beobachtungen, erstens dass der Ladungsstrom einer in den Schliessungsdraht eingeschalteten zweiten Batterie unverändert bleibt, wenn der ganze Schliessungsdraht abgesehen von seiner Länge einen constanten Widerstand darbietet, zweitens dass bei zwei constanten Zweigen in einem Schliessungsbogen die Vertheilung und die Erwärmung ebenfalls unverändert bleiben, wenn man auch den Schliessungsbogen bei sonst nur unverändertem Widerstande verlängert oder verkürzt. Da nun bei ihm die Erwärmung im Nebendraht von dem Ladungs- und dem Entladungsstrome abhängen, und die Stärke derselben sammt allen auftretenden Nebenströmen durch die Zweige allein bedingt sein sollte, so brauchte er nur den Mittel- und den Nebendraht unverändert zu lassen und die von ihm mitgetheilte Reihe der Erwärmungen mehrfach zu wiederholen, indem er den Hauptdraht nach und nach durch Kupferdraht verlängerte und, um den hierdurch etwas gesteigerten Widerstand desselben unverändert zu erhalten, den darin enthaltenen feinen

Platindraht entsprechend verkürzte. Während dann nach seiner Ansicht in diesen Versuchsreihen die Erwärmungen im Nebendraht constant bleiben mussten, würde er sich durch die Beobachtung selbst überzeugt haben, dass bis zu einer Verlängerung des Hauptdrahts um etwa 2′ die Erwärmungen bei 4 und 5 Flaschen in der Nebenbatterie sich vergrössern, die übrigen abnehmen, bis zu einer Verlängerung um 5 bis 6′ nur die Erwärmung bei 5 Flaschen noch steigt, die übrigen abnehmen, dass endlich bei einer noch weitern Verlängerung des Hauptdrahts alle Erwärmungen kleiner werden. Diese Reihen mussten ihn überzeugen, dass seine vorgefasste Meinung eine falsche war, und dass er mit allen seinen Nebenströmen in der Erklärung der Erscheinungen nicht durchkam. — Dass die Reihen des Herrn Riess bei der geringsten Aenderung des Apparats so schnell ihren Gang änderten, hat seinen einfachen Grund darin, dass er Beobachtungen zu Reihen combinirte, worin er zugleich zwei die Erscheinungen bedingenden Momente veränderte, wovor ich oben S. 32 besonders gewarnt habe. Indem er nämlich die Zahl der Flaschen in der Nebenbatterie änderte, änderte er zugleich das das Maximum des Stroms der Nebenbatterie bedingende Verhältniss der Schliessungsdrähte, das von dem Kraftverhältniss der beiden Batterieen gegen einander abhängt. Setzt man, wie ich es oben bei den Vorangaben der Resultate gethan habe, die 3 Flaschen der Hauptbatterie an Kraft = 5 Flaschen der Nebenbatterie, so ist bei einem Hauptdraht von 11′ und einem Nebendraht von 16′ (der Mitteldraht zu beiden hinzugerechnet, wie der Kürze wegen überall in den folgenden Angaben) die Nebenbatterie von $3\frac{1}{2}$ Flaschen etwa in dem Maximum ihrer Thätigkeit; da aber die Erwärmung bei grössern Nebenbatterieen im Verhältniss ihrer Flaschenzahl wächst, doch durch den bei ihnen stärker hemmenden Einfluss des Platindrahts wieder etwas herabgedrückt wird, so dass sich die Maxima für 1 und für 5 Flaschen etwa nur wie 1 : 3 verhalten dürften, so ist die Erwärmung bei 4 Flaschen in der Nebenbatterie noch etwas grösser als bei 3, obschon beide nahe gleich weit vom Maximum abstehen. Verkürzt man hierauf den Nebendraht auf 14', so kommt die Nebenbatterie von 4 Flaschen ins Maximum und die von 5 dem Maximum der Wirksamkeit näher, also steigen in beiden die Erwärmungen, die andern Nebenbatterieen mit geringerer Flaschenzahl entfernen sich von ihrem Maximum und geben geringere Erwärmungen. Wird der Nebendraht bis auf 11' verkürzt, so kommt die Nebenbatterie mit 5 Flaschen in ihr Maximum, die vier andern Nebenbatterieen entfernen sich von ihm und verlieren an Wirksamkeit; dasselbe trifft die erst genannte Batterie, wenn der Nebendraht noch mehr verkürzt, und somit auch diese Batterie aus dem Maximum ihrer Thätigkeit gerückt wird. Verlängert man dagegen den Nebendraht von 16' ab, so gelangt bei 18' etwa die Nebenbatterie von 3 Flaschen in ihr Maximum, die von 4 und von 5 Flaschen entfernen sich von ihm und ihre Ströme sinken, die von 2 und 1 Flasche nähern sich ihm und ihre Ströme steigen. Kommt der Nebendraht auf 28', so ist die Batterie von 2 Flaschen im Maximum ihrer Thätigkeit, die von 1 Flasche ist ihrem Maximum näher gerückt, die andern mit mehr Flaschen sind von ihm entfernt worden. Also wieder eine neue Aenderung der Reihe und so fort. Noch bunter würden die Erscheinungen, wenn man zugleich die Hauptbatterie ändern wollte. Allein alle diese so confus durch einander laufenden Reihen sind erst durch die falsche Verknüpfung der Beobachtungen so confus geworden; die Erscheinungen selbst, welche die Nebenbatterie darbietet, sind wohl mannigfach, das ist nicht zu leugnen, aber sie erfolgen doch nach ganz bestimmten Gesetzen.

In der zweiten Abtheilung seiner Versuche, bei denen die Nebenbatterie durch einen besondern Schliessungsdraht verbunden war und ihre Ladung durch Induction erfolgte, ist Herr Riess in der Zusammenstellung der Reihen nicht glücklicher gewesen, und da er es überdies verschmähte umfassendere Versuche anzustellen oder zu berücksichtigen, so wird seine wenn schon ganz zuversichtlich ausgesprochene Ansicht, dass der gewöhnliche Nebenstrom in die Nebenbatterie eintrete und wieder zurückströme, durch Beobachtungen so leicht beseitigt, dass ich etwas Weiteres zur Widerlegung gar nicht hinzuzufügen brauche; ich gebe nur einige solcher Beobachtungen, wie sie mir, zu einem andern Zwecke angestellt, grade zur Hand sind. Die Hauptbatterie $F_2 + F_3$ war durch einen 32,8 Fuss langen Kupferdraht (von 0,513 Linien Durchm. wie hier überall) und durch den Auslader geschlossen; 24′ dieses Drahts waren in einem Rechteck nach der in Grunerts Arch. XX. p. 113 mitgetheilten Weise ausgespannt und der Auslader auf eine Batterieladung $J = 52{,}0$ gestellt. Die Nebenbatterie $F_1 + F_4$ stand durch einen 31′0, langen Kupferdraht (K) und einen 16,8 Zoll langen Platindraht (P) von 0,081 Linien Durchm. geschlossen, wovon 24′ wie vorher ausgespannt und von dem inducirenden Drahte um 1 Zoll entfernt waren. Von dem Nebendraht wurden 28′,8 $K + P$ als Zweig *I.* abgeschieden und durch einen zweiten Zweig *II.* verbunden, so dass 2′,2 K im Stamm blieben. Der Zweig *II.* bestand aus dem Funkenmesser, aus einem Platindraht P und in 3 besondern Fällen a, b, c noch aus 4′,4 — 12′,4 — 28′,4 K. Der Funkenmesser wurde entweder durch einen 1′ langen dicken Kupferbügel geschlossen, so dass der ganze Zweig eine metallische Leitung darbot, oder er blieb so weit geöffnet, dass zwischen seinen Kugeln eine Schlagweite von 30,75 entstand, womit im Zweig eine Lücke von 1,37 Linien Weite blieb. Das Thermometer konnte statt P in Zweig *I.* und Zweig *II.* eingeschaltet werden. Wurde Zweig *I.* ohne Nebenbatterie zur Messung des wahren Nebenstroms geschlossen, so waren die Thermometerangaben bei Schliessung durch den metallisch zusammenhängenden Zweig *II.a* = 2,5, durch *II.b* = 1,8, durch *II.c* = 1,0 und durch den Stammdraht allein = 3,5. Nun ist allgemein*) bekannt, dass

*) Die abweichenden Beobachtungen, die Hr. Riess in seinem Lehrbuch §. 830 anführt, wo die Erwärmungen im unterbrochenen Nebenbogen etwas grösser ausfielen als im geschlossenen, erklären sich daraus, dass im letztern Fall die Intensität der Batterieladung grösser genommen war als im erstern, also der dem Strome entgegenstehende Widerstand in beiden Reihen geändert wurde. Beobachtungen mit constanter Ladung der Batterie wie in §. 829 werden die Abweichung beseitigen.

Nebenströme unverändert bleiben, mögen sie an einer unterbrochenen Stelle in einem Funken überschlagen oder durch die continuirliche Leitung hindurchgehen, höchstens werden sie im ersten Falle etwas kleiner. Die Beobachtungen gaben aber mit den 3 Zweigen

Funkenm. geschlossen.	Funkenm. geöffnet.
1) Zweig *II.a.*	
Erwärmung in Zw. *I.* 2,0 — in Zw. *II.* 4,4.	in Zw. *I.* 6,4 — in Zw. *II.* 12,9.
2) Zweig *II.b.*	
Erwärmung in Zw. *I.* 1,1 — in Zw. *II.* 4,2.	in Zw. *I.* 8,1 — in Zw. *II.* 9,0.
3) Zweig *II.c.*	
Erwärmung in Zw. *I.* 1,5 — in Zw. *II.* 4,2.	in Zw. *I.* 10,0 — in Zw. *II.* 4,5.

Woher hier die so bedeutenden Erwärmungen bei geöffnetem Funkenmesser, die der Nebenstrom nicht hergiebt? woher die im Verhältniss zum Nebenstrom kleinern Erwärmungen in Zw. *I.*, wenn Zw. *II.* geschlossen ist? — Ward Zw. *II.* ganz entfernt, so war die Erwärmung im einfachen Nebendrahte = 14,4, die nach Hrn. Riess nicht das Doppelte von 3,5 der Erwärmung durch den Nebenstrom übersteigen soll. — Noch eine andere Beobachtung: Batterieen unverändert; Hauptdraht = 30',8 *K* und Auslader; Nebendraht wie vorher, nur statt des Stammes von 2',2 *K* jetzt 1',5 *K* + *P*; Zw. *II.* aus dem mit dem Bügel geschlossenen Funkenmesser + 8',4 *K*. Wärme des Nebenstroms über Zw. *I.* geschlossen durch Zw. *II.* = 2,5, geschlossen durch den Stammdraht = 3,0. Wenn Zw. *II.* eingefügt war, so zeigte das Thermometer in *P* des Stammdrahts 1,0 und in Zw. *I.* 2,0, wieder weniger als beim Nebenstrom; wenn Zw. *II.* entfernt war, so war die Erwärmung im einfachen Nebendraht = 10,0, wieder mehr als das Doppelte von 3,0. Hierauf wurden in den Stammdraht der Nebenbatterie noch 20' *K* eingeschaltet; jetzt zeigte das Thermometer bei geschlossenem Zw. *II.* im Stamm 6,5 (statt 1,0 im vorigen Falle), in Zw. *I.* 2,7 an; nach Entfernung von Zw. *II.* kam die Erwärmung im einfachen Nebendraht auf 5,2 (vorher 10,0); dagegen gab der Nebenstrom, wenn Zw. *I.* durch den um 20′ *K* verlängerten Stammdraht geschlossen wurde, nur eine Erwärmung = 1,0, somit eine fünfmal kleinere als die im Strom der Nebenbatterie. — So lange solche Thatsachen fest stehen, wird hoffentlich die vorgefasste Meinung des Herrn Riess in diesem Gebiete keine Geltung erlangen.

Berlin, Petsch'sche Buchdruckerei.

Berichtigungen.

Seite 13 Mitte fehlt bei der Angabe des Schliessungsbogens am Ende desselben noch ein 2½′ langer Kupferdraht (1,15 Linien Durchm.) mit 2 Bügeln von 6″ Länge.

Seite 52 Z. 2 v. u. L. im statt ein.

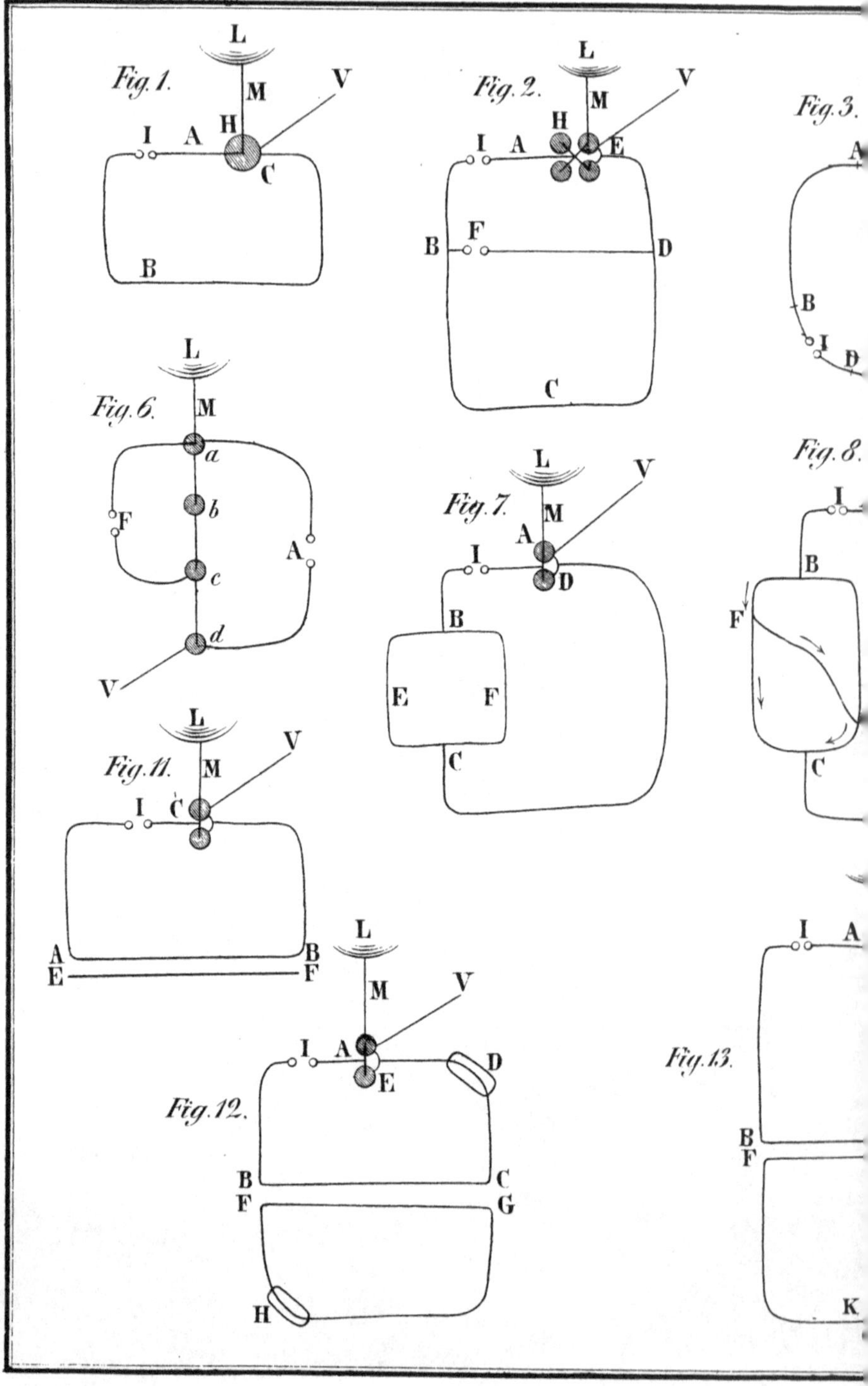
Fig. 1.
L
M
H
V
I
A
C
B
Fig. 2.
L
M
H
V
I
A
E
F
B
D
C
Fig. 3.
A
B
I
D
Fig. 6.
L
M
a
b
F
A
c
d
V
Fig. 7.
L
V
M
A
I
D
B
E
F
C
Fig. 8.
I
B
F
C
Fig. 11.
L
V
M
I
C
A
E
B
F
Fig. 12.
L
M
V
I
A
D
E
B
F
C
G
H
Fig. 13.
I
A
B
F
K

Fig. 4.

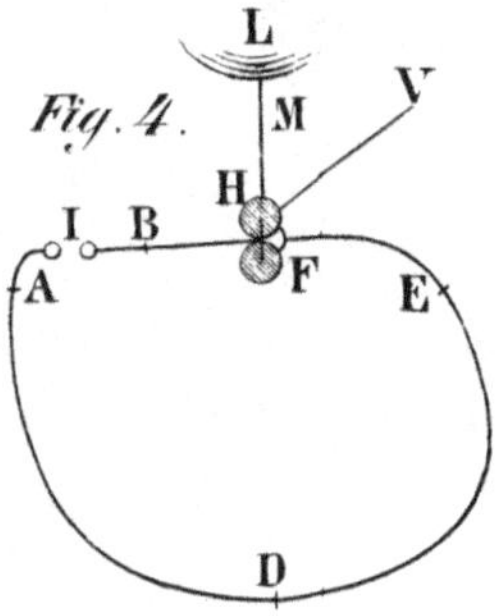

Fig. 5.

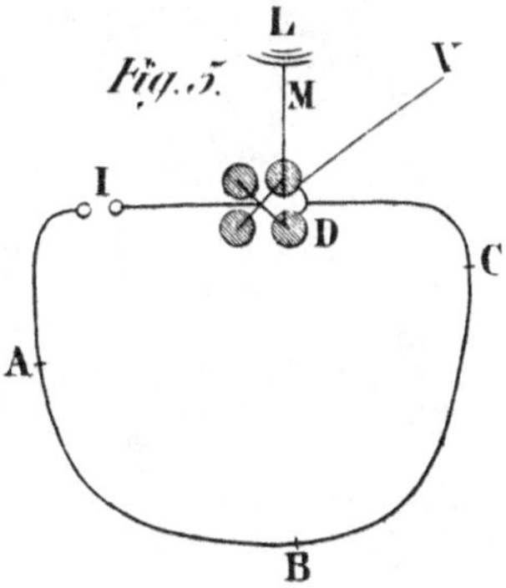

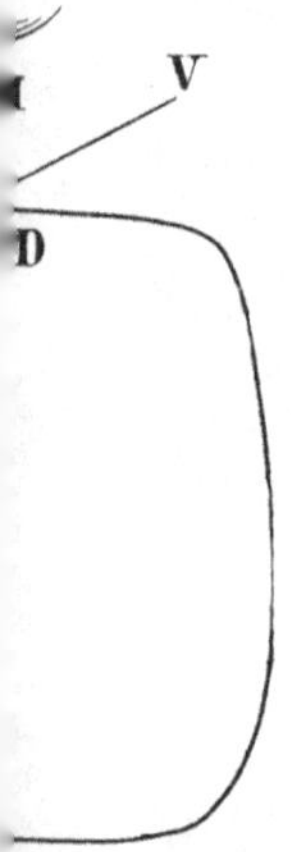

Fig. 10.

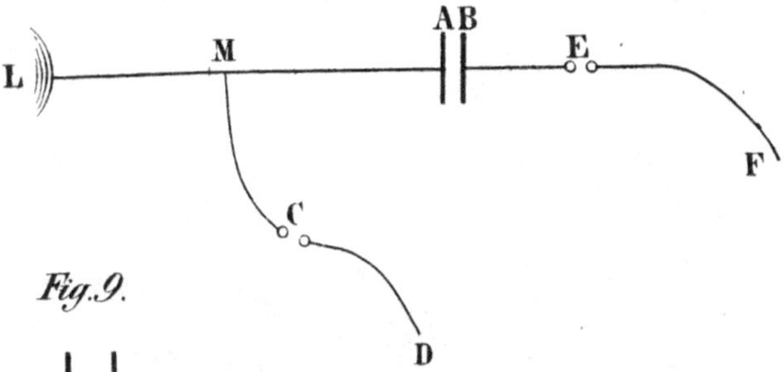

Fig. 9.

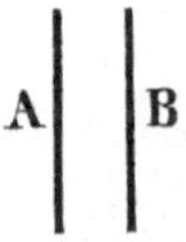

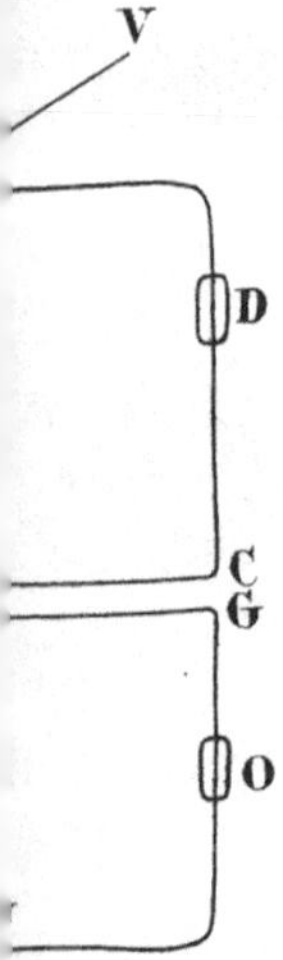

Fig. 14.

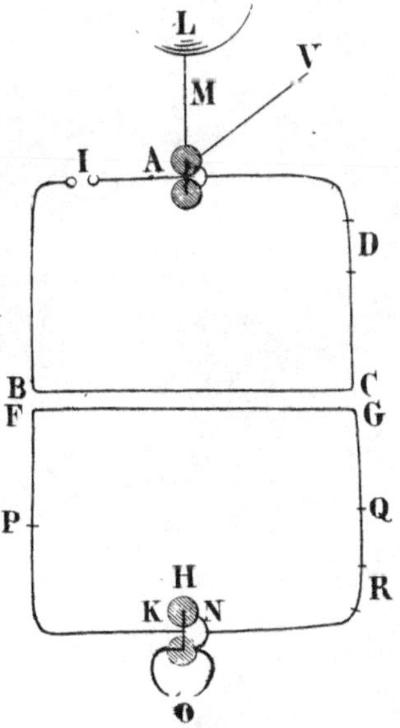

FSC
www.fsc.org
MIX
Papier | Fördert gute Waldnutzung
FSC® C083411

Kolibri 360 GmbH
Ferdinand-Jühlke-Straße 7
99095 Erfurt, Deutschland
produktsicherheit@kolibri360.de